河南省科技攻关项目(172102310738)
河南工程学院博士基金项目(D2015025) 资助

生产安全事故特征

郑吉玉 著

黄河水利出版社
·郑州·

内 容 提 要

本书通过具体数据对我国生产安全形势进行了分析,并重点统计分析了我国主要生产安全事故,具体内容包括:安全生产形势发展概况、煤矿事故特征、交通事故特征、火灾事故特征、危险化学品事故特征、建筑事故特征、烟花爆竹事故特征。

本书是对我国主要生产安全事故的综合分析与总结,可供安全生产管理部门参考阅读。

图书在版编目(CIP)数据

生产安全事故特征/郑吉玉著.—郑州:黄河水利出版社,2017.10
 ISBN 978-7-5509-1872-6

Ⅰ.①生… Ⅱ.①郑… Ⅲ.①安全生产-研究-中国 Ⅳ.①X93

中国版本图书馆 CIP 数据核字(2017)第 264369 号

出 版 社:黄河水利出版社
地址:河南省郑州市顺河路黄委会综合楼 14 层　　邮政编码:450003
发行单位:黄河水利出版社
　　　发行部电话:0371-66026940、66020550、66028024、66022620(传真)
　　　E-mail:hhslcbs@126.com
承印单位:河南承创印务有限公司
开本:787 mm×1 092 mm　1/16
印张:6.75
字数:156 千字　　　　　　　　　　　　　印数:1—1 000
版次:2017 年 10 月第 1 版　　　　　　　印次:2017 年 10 月第 1 次印刷
定价:20.00 元

前　言

中华人民共和国成立以来，我国经历了多次生产安全事故高峰，并在很长一段时期事故起数和死亡人数呈不断增多趋势，究其原因，有工业活动增多的因素，也有安全生产法制建设滞后的因素。我国处于经济发展的后工业化时期，2002年《中华人民共和国安全生产法》颁布实施后，安全生产监督管理和事故预防进入了新阶段，生产安全有序进行。安全生产状况虽然较之前有了很大改善，但生产安全事故仍处于高位震荡期，事故起数和死亡人数依然较高。现阶段我国的安全生产的突出特征，表现为总体稳定、趋于好转的发展态势与依然严峻的现状并存。2015年全国生产安全事故共计28.2万起、死亡6.6万人，事故起数和死亡人数虽然较2002年的107.3万起、死亡13.9万人有较大改善，但仍处于较高水平，生产安全形势不容乐观。

要做到事故的预防和治理，首先要掌握事故发生的规律和特征，进而制定相应的对策。由于主要行业的主管部门不同，如建筑安全属住房和城乡建设部主管、消防安全属公安部消防局主管、煤矿安全属安监总局主管等，对生产安全事故的统计分析仅在主管部门开展，没有综合各主要行业的生产安全事故统计报告和书籍，因此迫切需要一本综合各主要行业的生产安全事故特征的著作。

在数据统计过程中，作者以官方统计数据为依据，尽可能保证数据的准确性，主要参考的资料有《中国统计年鉴》、《国民经济和社会发展统计公报》、《中国安全生产年鉴》、《中国消防年鉴》等，但由于种种原因，有些数据难以统计到，甚至有些数据存在矛盾之处，虽然对主要特征影响甚小，但严谨性不足，敬请读者谅解。

作　者

2017年8月

目 录

第1章 安全生产形势发展概况 ……………………………………………… (1)
  1.1 安全生产形势的发展历史 …………………………………………… (1)
  1.2 安全生产形势现状 …………………………………………………… (2)
  1.3 生产安全事故特征 …………………………………………………… (3)

第2章 煤矿事故特征 ………………………………………………………… (9)
  2.1 煤矿安全生产形势 …………………………………………………… (9)
  2.2 煤矿事故特征 ………………………………………………………… (10)
  2.3 重特大煤矿事故特征 ………………………………………………… (13)
  2.4 案例分析 ……………………………………………………………… (18)

第3章 交通事故特征 ………………………………………………………… (25)
  3.1 交通安全形势 ………………………………………………………… (25)
  3.2 道路交通事故特征 …………………………………………………… (26)
  3.3 重特大交通事故特征 ………………………………………………… (28)
  3.4 案例分析 ……………………………………………………………… (36)

第4章 火灾事故特征 ………………………………………………………… (44)
  4.1 火灾事故安全生产形势 ……………………………………………… (44)
  4.2 火灾事故特征 ………………………………………………………… (46)
  4.3 重特大火灾事故特征 ………………………………………………… (49)
  4.4 案例分析 ……………………………………………………………… (51)

第5章 危险化学品事故特征 ………………………………………………… (60)
  5.1 危险化学品安全生产形势 …………………………………………… (60)
  5.2 危险化学品事故特征 ………………………………………………… (61)
  5.3 重特大危险化学品事故特征 ………………………………………… (64)
  5.4 案例分析 ……………………………………………………………… (69)

第6章 建筑事故特征 ………………………………………………………… (77)
  6.1 建筑行业安全形势 …………………………………………………… (77)
  6.2 建筑事故特征 ………………………………………………………… (78)
  6.3 重特大建筑事故特征 ………………………………………………… (81)
  6.4 案例分析 ……………………………………………………………… (82)

第7章 烟花爆竹事故特征 …………………………………………………… (88)
  7.1 烟花爆竹安全生产形势 ……………………………………………… (88)
  7.2 烟花爆竹事故特征 …………………………………………………… (89)

7.3 重特大烟花爆竹事故特征 …………………………………… (92)
7.4 案例分析 …………………………………………………… (93)

第1章 安全生产形势发展概况

1.1 安全生产形势的发展历史

安全,顾名思义,"无危则安,无缺则全",即安全意味着没有危险且尽善尽美,这是与人的传统安全观念相吻合的。随着对安全问题研究的逐步深入,人类对安全的概念有了更深的认识,并从不同角度给它下了定义[1]:

(1)安全是指客观事物的危险程度能够为人们普遍接受的状态。

(2)安全是指没有引起死亡、伤害、职业病或财产、设备的损坏或损失或环境危害的条件。

(3)安全是指不因人、机、媒介的相互作用而导致系统损失、人员伤害、任务受影响或造成时间的损失。

安全生产是指在生产过程中消除或控制危险及有害因素,保障人身安全健康、设备完好无损及生产顺利进行。

对于事故,人们从不同的角度出发对其会有不同的理解。在《辞海》中给事故下的定义是"意外的变故或灾祸"。针对安全的科学研究,事故的定义主要有:

(1)事故是可能涉及伤害的、非预谋性的事件。

(2)事故是违背人的意志而发生的意外事件。

(3)事故是造成伤亡、职业病、设备或财产的损坏或损失或环境危害的一个或一系列事件。

(4)事故是人(个人或集体)在为实现某种意图而进行的活动过程中突然发生的、违背人的意志的、迫使活动暂时或永久停止的事件。

在上述定义中,定义(3)出自美国军标882C,其发展过程充分体现了人类对于事故的认识过程;定义(4)是由伯克霍夫(Berckhoff)给出的,其对事故做了较为全面的描述。

生产安全事故作为安全生产的对立概念,在我国直至2002年《中华人民共和国安全生产法》颁布实施,才出现了"生产安全事故"这一概念。生产安全事故是指生产经营单位在生产经营活动(包括与生产经营活动有关的活动)中突然发生的、伤害人身安全和健康或者损坏设备设施或者造成经济损失的,导致原生产经营活动(包括与生产经营活动有关的活动)暂时中止或永远终止的意外事件。

《生产安全事故报告和调查处理条例》[2]第三条:根据生产安全事故(以下简称事故)造成的人员伤亡或者直接经济损失,事故一般分为以下等级:

(1)特别重大事故,是指造成30人以上死亡,或者100人以上重伤(包括急性工业中毒,下同),或者1亿元以上直接经济损失的事故。

(2)重大事故,是指造成10人以上30人以下死亡,或者50人以上100人以下重伤,或者 5 000 万元以上 1 亿元以下直接经济损失的事故。

(3) 较大事故,是指造成 3 人以上 10 人以下死亡,或者 10 人以上 50 人以下重伤,或者 1 000 万元以上 5 000 万元以下直接经济损失的事故。

(4) 一般事故,是指造成 3 人以下死亡,或者 10 人以下重伤,或者 1 000 万元以下直接经济损失的事故。

中华人民共和国成立以来,我国安全生产形势的发展经历了三次事故高峰期[3]:

第一次事故高峰期:1958 年下半年,出现了盲目冒进的苗头。由于"大跃进"时期只讲生产,不讲安全,伤亡事故上升,出现了中华人民共和国成立以来第一个事故高峰期,这是安全生产工作有发展但受挫折的阶段;1961 年,安全生产工作转入正轨,1963 年我国进入国民经济三年恢复调整时期。

第二次事故高峰期:"文化大革命"时期,安全生产工作被认为是"活命哲学"受到批判。工业生产秩序混乱,劳动纪律涣散,事故急剧上升。形成了中华人民共和国成立以来第二个事故高峰期,是安全生产工作遭受破坏和倒退的阶段。

第三次事故高峰期:2000 年以来,由于经济发展快,工业生产能力提高,我国的经济发展主要依赖能源、原材料等重工业的拉动,事故风险大,加之安全管理不善等原因,形成了第三次事故高峰期,突出表现为重特大事故明显增多,恶性事故上升,给人民生命财产造成了重大损失。

1.2 安全生产形势现状

现阶段我国安全生产的突出特征表现为总体稳定、趋于好转的发展态势与依然严峻的现状并存。在 2002~2015 年的近 13 年里,我国生产安全事故总量和死亡人数连年"双下降",2015 年降至 28.2 万起、死亡 6.6 万人。在经济快速发展和社会深刻变革的过程中,我国生产安全的风险明显加大,生产安全事故及致死人数在 20 世纪 90 年代初到 2002 年的十几年里一度持续攀升,最高曾达到一年 107.3 万起、死亡 13.9 万人。

在对安全生产形势的分析判断上,我们要坚持两分法、两点论。一方面要看到成绩,增强做好安全生产工作的信心;另一方面更要看到存在的差距和问题,认清工业化进程中安全生产的长期性、艰巨性和复杂性,进一步增强紧迫感、危机感和责任感[4]。安全生产是工业化过程中必然遇到的问题,先进工业化国家普遍经历了从事故多发到逐步稳定、下降的发展周期。研究表明,安全状况相对于经济社会发展水平,呈非对称抛物线函数关系,可划分为 4 个阶段:一是工业化初级阶段,工业经济快速发展,生产安全事故多发;二是工业化中级阶段,生产安全事故达到高峰并逐步得到控制;三是工业化高级阶段,生产安全事故快速下降;四是后工业化时代,事故稳中有降,死亡人数很少。安全生产的这种阶段性特点,揭示了安全生产与经济社会发展水平之间的内在联系。当人均国内生产总值处于快速增长的特定区间时,生产安全事故也相应地较快上升,并在一个时期内处于高位波动状态,我们把这个阶段称为生产安全事故的"易发期"。但"易发"并不必然等于事故高发、频发。我国安全生产具有政治、制度优势和后发优势。通过借鉴先进工业化国家的经验教训,可以取长补短、后来居上。

根据《2013中国安全生产发展报告》[5]，我国已进入工业化中期的后半段，正处于安全生产"事故高位波动阶段"。虽然近几年生产安全事故总量保持稳定下降的态势，但下降幅度减小，重特大事故出现波动反复。世界各国在工业化进程中，普遍经历从事故上升到趋于稳定和下降的过程，安全生产与经济发展水平之间存在明显非对称抛物线的阶段发展特征，存在事故"易发期"现象。虽然在政府安全监管高压政策下事故总量连续多年大幅下降，已表现出事故快速下降阶段的特征，但我国当前经济发展水平仍然不高，产业结构没有发生根本变化，科研能力及教育水平依然较低，安全生产基础较为薄弱，事故风险仍然较高。

当前，影响和制约我国安全生产的深层次矛盾尚未根本解决。安全投入、安全管理相对滞后，安全生产法制建设仍需进一步完善，政府监管能力有待提升。企业从业人员安全素质仍然较低。据统计，在农民工中，文盲和半文盲占7%，高中以上文化程度仅占13%。全国550万煤矿职工中，80%为农民工。近年来，进城务工人员因事故死亡的人数占各类事故死亡人数总量的70%左右。此外，道路交通事故死亡人数居高不下，占生产安全事故总死亡人数的80%~90%，而且出现一些新的特点，比如电动车与机动车事故增多，尤其是城市道路交通事故中，电动车参与的交通事故占到70%~80%。

国家安全生产监督管理总局局长杨焕宁在国务院安委会专家咨询委员会2017年度工作会议上指出，当前，我国安全生产形势两重性的特点突出：一方面总体平稳，一方面严峻复杂；一方面各方面工作得到加强，一方面整体把控能力还不强；一方面事故总量连年下降，一方面年度内事故仍在波动，特别是不时出现重大事故祸不单行的情况，不仅造成重大生命财产损失，而且严重冲击人民群众的安全感。暴露出一些企业主体责任不落实、全社会安全意识有差距、安全监管有漏洞等突出问题。

1.3 生产安全事故特征

根据《国民经济和社会发展统计公报》[6]，统计了2005~2015年我国生产安全事故数据。2005~2015年我国生产安全事故死亡总人数如图1-1所示。

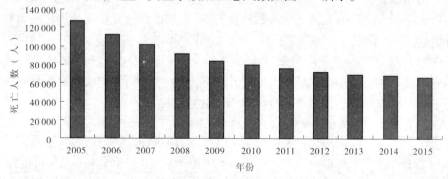

图1-1 2005~2015年我国生产安全事故死亡人数

2005~2015年我国生产安全事故死亡人数分别为127 000人、112 822人、101 480人、91 172人、83 196人、79 552人、75 572人、71 983人、69 434人、68 061人、66 182人。

与上一年相比,分别下降7.1%、11.2%、10.1%、10.2%、8.8%、4.4%、5%、4.7%、3.54%、1.98%、2.76%。从死亡人数下降幅度来看,2010年之前,我国生产安全事故死亡人数减少幅度较大,达10%左右,2010年之后,我国生产安全事故死亡人数减少幅度较小,均低于5%,说明近几年我国生产安全事故死亡人数处于高位波动阶段,总体死亡人数下降不明显,个别行业重特大事故死亡人数有波动。

2005~2015年我国亿元GDP生产安全事故死亡率如图1-2所示。

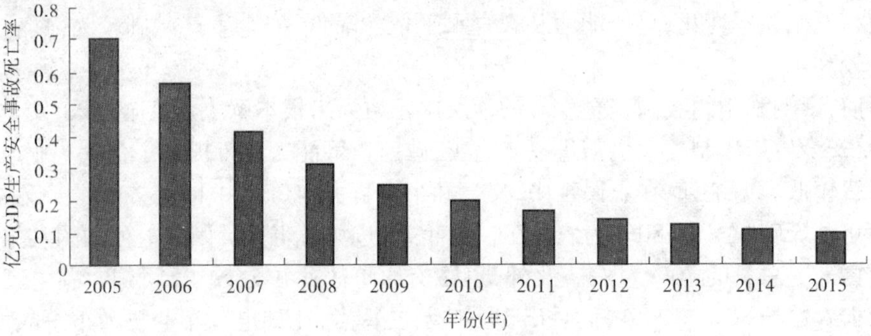

图1-2 2005~2015年我国亿元GDP生产安全事故死亡率

2005~2015年我国亿元GDP生产安全事故死亡率分别为0.7、0.56、0.413、0.312、0.248、0.201、0.173、0.142、0.124、0.107、0.098。从图1-2可以看出,我国亿元GDP生产安全事故死亡率年降幅较为明显,一方面是因为我国生产安全事故死亡人数一直处于下降趋势;另一方面我国经济发展较快,GDP增量较大,一降一增使我国亿元GDP生产安全事故死亡率下降明显。

从各年份生产安全事故起数及死亡人数看,重特大生产安全事故起数及死亡人数均有大幅度减少,与2005年相比,2015年10人以上重特大生产安全事故起数由125降到38,减少了69.6%,死亡人数由2 894降到768,减少了73.5%(见表1-1);30人以上特大生产安全事故起数由17降到4,减少了76.5%,死亡人数由1 197降到311,减少了74%。从事故发生年份看,2005年、2006年、2008年等年份重特大生产安全事故起数较多。重特大煤矿事故死亡人数由2005年的1 674人降低到2015年的85人,减少了94.9%,与全国重特大生产安全事故总的死亡人数相比,重特大煤矿事故死亡人数占比由2005年的58%降低到2015年的11%,降幅明显。但在2005~2015年间重特大煤矿事故死亡人数占重特大生产安全事故比重为39%,共死亡5 544人,煤矿安全生产形势依然严峻,尤其是近期发生的重庆金山沟煤矿特大瓦斯爆炸事故预防和治理,重特大煤矿事故有所抬头,因此对于重特大煤矿事故预防和治理依然不能放松警惕。

表1-1 重特大生产安全事故起数及死亡人数统计

年份	2005	2006	2007	2008	2009	2010	2011	2012	2013	2014	2015
10人以上起数(起)	125	95	77	86	59	73	59	59	49	42	38
死亡人数(人)	2 894	1 570	1 359	1 819	1 031	1 272	897	902	879	772	768
30人以上起数(起)	17	7	6	10	4	9	4	2	4	4	4
死亡人数(人)	1 197	263	302	667	292	359	151	84	252	235	311

生产安全事故做以下分类:煤矿、交通运输(包括公路、水上、铁道、航空)、建筑、渔业船舶、烟花爆竹、危险化学品、生产经营性火灾以及其他。从表1-2可以看出,交通运输事故发生起数最多,共发生334起;其次是煤矿事故,共发生253起;再次是火灾事故,共发生49起;其后依次排序为危险化学品、其他、建筑、渔业船舶、烟花爆竹。与2005年相比,我国各行业重特大生产安全事故起数总体上呈稳步下降趋势,如重特大煤矿事故从54起降为5起,交通运输由50起降为15起。

表1-2 重特大生产安全事故起数分类统计　　　　　　　　(单位:起)

年份	煤矿	交通运输	建筑	渔业船舶	烟花爆竹	危险化学品	生产经营性火灾	其他
2005	54	50	3	10	1	0	4	3
2006	39	42	1	1	0	6	3	3
2007	28	27	4	1	4	2	7	4
2008	29	35	3	6	2	2	4	5
2009	18	27	3	1	2	1	2	5
2010	19	39	3	1	2	2	6	2
2011	18	28	3	0	1	4	5	0
2012	14	34	2	1	1	1	4	2
2013	15	21	0	0	1	5	4	2
2014	14	16	2	1	1	3	4	1
2015	5	15	1	1	1	4	6	4
合计	253	334	25	23	16	30	49	31

虽然说重特大煤矿事故与重特大交通事故起数相当,但重特大煤矿事故平均单次死亡人数远大于交通事故,因此重特大煤矿事故死亡人数占比较高。

对全国各省(区、市)重特大生产安全事故起数进行统计(见表1-3),山西、贵州、湖南、河南、云南等省份发生重特大生产安全事故较多,从具体情况分析来看,重特大生产安全事故起数较多的省份往往与煤矿开采相关,但随着煤矿安全监管和煤矿灾害治理力度的加大,煤矿事故呈迅速减少趋势。如在全国重特大生产安全事故中,山西有3次事故起数最多年份,分别发生在2005年、2007年、2008年,而在最近的3年当中,每年仅发生1起重特大生产安全事故;另外,河南、山东分别有2次事故起数最多年份,广东、云南、湖北、湖南等省份也有事故起数最多年份。

表1-3 我国重特大生产安全事故地域分布(2005~2015年)　　　(单位:起)

省(区、市)	山西	贵州	湖南	河南	云南	山东	广东	黑龙江	四川	河北	辽宁
起数	63	57	50	49	46	39	35	34	32	28	26
省(区、市)	新疆	江西	陕西	吉林	江苏	湖北	浙江	重庆	安徽	西藏	甘肃
起数	25	23	23	22	22	22	20	20	16	16	15
省(区、市)	广西	福建	内蒙古	宁夏	上海	天津	海南	青海	北京		
起数	15	14	14	9	6	5	5	5	4		

注:统计不含港澳台地区,下同。

根据重特大生产安全事故发生地域,绘制我国重特大生产安全事故分布图(见图1-3),把我国重特大生产安全事故分为5个层次,非常多、较多、相对一般、相对较少、偶尔。其中山西、贵州、湖南、河南、云南5个省份事故起数非常多;山东、广东、黑龙江、四川4个省份事故起数较多;河北、辽宁、新疆、江西、陕西、吉林、江苏、湖北8个省(区、市)事故起数相对一般;浙江、重庆、安徽、西藏、福建、广西、甘肃、内蒙古8个省(区、市)事故起数相对较少;宁夏、上海、天津、海南、青海、北京6个省(区、市)事故偶尔发生,如北京市平均3年发生一次重特大生产安全事故。

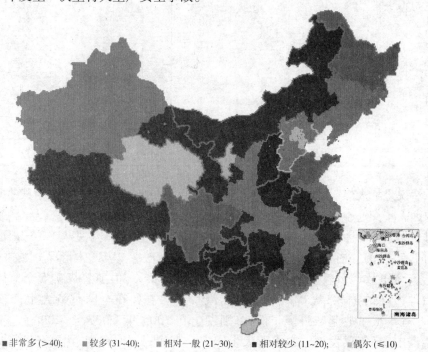

■非常多(>40); ■较多(31~40); ■相对一般(21~30); ■相对较少(11~20); ■偶尔(≤10)

(注:统计数字不包括港澳台地区)

图1-3 我国重特大生产安全事故分布图(2005~2015年)

根据重特大生产安全事故死亡人数,绘制我国重特大生产安全事故死亡人数分布图,如图1-4所示,与重特大生产安全事故分布图不同的是,云南、四川、辽宁、天津变化较大。云南和四川虽然事故起数较多,但平均单起事故死亡人数相对较少,在死亡人数分类中都属于"相对一般",而在事故分布图中分布属于"非常多"和"较多",位次变化明显;相反,辽宁由于平均单起事故死亡人数较多,位次有一定前移;天津变化较大,主要是由于天津港"8·12"瑞海公司危险品仓库特别重大火灾爆炸事故,死亡人数165人,使天津位次明显前移。单起事故死亡100人以上的,山西、黑龙江各2起,天津、河北、辽宁、广东各1起。另外,重特大生产安全事故死亡人数较多的省份往往与煤矿开采相关,说明煤矿生产安全事故更容易出现超过10人的重特大生产安全事故,如死亡人数最多的山西、河南、湖南、贵州,煤矿开采数量都比较多。

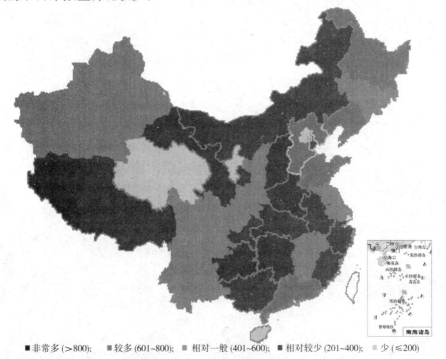

■非常多(>800); ■较多(601~800); 相对一般(401~600); ■相对较少(201~400); 少(≤200)

(注:统计数字不包括港澳台地区)

图1-4 我国重特大生产安全事故死亡人数分布图(2005~2015年)

总的来看,我国安全生产局面总体稳定向好,但形势依然严峻,特别是重特大安全事故频发势头尚未得到有效遏制。针对重特大生产安全事故没有得到有效遏制的问题,应坚持安全发展理念,树立更加积极的安全生产观;加快安全生产法配套法规和标准的制定修订;进一步完善监管机制,解决安全生产监管部门未纳入行政执法序列的问题;严格落实企业主体责任,明确企业实际控制人和法人代表同为安全生产第一责任人。

参考文献

[1] 吴穹,许开立.安全管理学[M].北京:煤炭工业出版社,2016.
[2] 本书编委会.生产安全事故报告和调查处理条例[M].北京:中国建材工业出版社,2007.

[3] 栗继祖,赵耀江.安全法学[M].北京:机械工业出版社,2016.
[4] 李毅中.我国安全生产的形势和任务[N].人民日报,2007-06-29(008).
[5] 中国安全生产协会,国家安全生产监督管理总局信息研究院.2013中国安全生产发展报告[M].北京:煤炭工业出版社,2014.
[6] 国家统计局.国民经济和社会发展统计公报[EB/OL].[2016-02-29].http://www.stats.gov.cn/tjsj/tjgb/ndtjgb/.

第 2 章 煤矿事故特征

2.1 煤矿安全生产形势

煤炭是我国的主体能源,截至 2015 年底,全国煤矿总规模为 57 亿 t,正常生产及改造的煤矿 39 亿 t,停产煤矿 3.08 亿 t,新建、改扩建煤矿 14.96 亿 t,其中约 8 亿 t 属于未经核准的违规项目。2000 年以来,我国煤炭供给能力迅速增强,特别是 2006 年以来,全国煤炭投资累计完成 3.6 万亿元,累计新增产能近 30 亿 t。其中,"十二五"期间累计投资 2.35 万亿元,年均投资近 5 000 亿元。2000 年以来,煤炭消费能力在产能快速增长的同时,煤炭消费需求明显放缓。2000 年以来,我国煤炭消费经历了由低迷到加速,再到低速的增长过程。其中,2000 年煤炭消费 13.6 亿 t,2013 年消费 42.4 亿 t,其间增加了 28.8 亿 t,增长 212.8%。2002~2014 年,我国原煤产量持续增加,2014 年达到顶峰,产量达 38.7 亿 t,由于需求减少,2015 年、2016 年原煤产量有所减少(见图 2-1)。

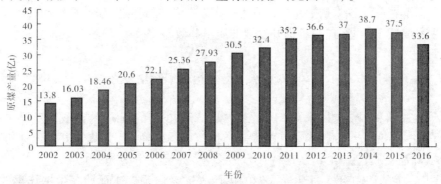

图 2-1 我国历年原煤产量(据《国民经济和社会发展统计公报》[1])

在今后较长一段时间内,煤炭在中国一次能源生产和消费结构中的比重仍将占主体地位。近年来,随着煤炭资源安全高效开采和清洁高效应用技术的快速发展,煤炭工业的发展理念发生了较大的变化,促进了煤炭工业的节约发展、清洁发展、安全发展和高效可持续发展。目前,中国煤炭企业在应对瓦斯治理上仍任重道远。煤矿瓦斯治理是一项艰巨而复杂的系统工程,为了推进煤矿瓦斯治理,中国要推进煤炭工业发展的科学化水平,提高煤炭企业自主创新能力;建设大型现代化煤矿和安全高效矿井,淘汰落后产能;推行绿色开采,建设生态矿山;强化安全生产,构建资源利用率高、安全有保障、经济效益好、环境污染少、健康可持续发展的新型煤炭工业体系。

与交通事故相比,煤矿事故死亡人数虽然占整个生产安全事故死亡人数的比例不高,但重特大煤矿事故死亡人数占比较大,甚至高达 50% 以上,重特大煤矿事故频发造成的负面影响也较大。但矿难并非不可避免,据了解,目前加拿大、德国、英国、挪威等国,已经实现了"煤矿开采零死亡"。在煤炭占国内生产能源1/3的美国,煤矿的劳动安全水平已经比渔业、农业、建筑业和零售业的还要高。这有自然条件和管理两方面的因素:美国的煤层埋藏较浅,地质条件好、瓦斯含量低,适合机械化生产。而我国煤矿总体管理、技术和装备水平较低,工人文化技术素质也差。在发达国家,大部分矿工都是高中以上文化程度。美国、澳大利亚等煤矿地质条件较好的国家,对于地质条件复杂的矿井、瓦斯突出危险的矿井,一般采取停产关闭措施。而我国对煤炭的需求量大,加上就业压力大,对于地质条件复杂的矿井、瓦斯突出危险的矿井,也不得不开采。

中国煤炭工业协会会长王显政在国际煤矿瓦斯治理及安全工程科技论坛上表示,近年来,中国超千米煤矿深井数量日益增多,加剧了煤矿瓦斯治理安全隐患。和世界上其他国家一样,随着煤矿开采强度不断加大,中国煤矿开采深度也逐年增加,瓦斯涌出量相应增加,压力随之增大,其突出危险与冲击地压灾害耦合现象将会凸现出来。目前,中国94%以上的煤矿是井工矿,大中型煤矿平均开采深度456 m,采深大于600 m的矿井产量占28.5%,最深达1 365 m。近几年,超千米的深井不断增加,超千米深井已超过20个。深井数量逐年增加,使煤矿瓦斯治理安全隐患也随之增加。

今后一个时期,推动煤炭安全高效绿色智能化开采和清洁高效低碳集约化利用,是做好煤炭这篇文章的题中之义和关键所在。而其中一项重要任务则是优化煤炭产业结构。今后一段时间,我国应以供给侧结构性改革为切入点,暂停审批新建项目、调整制度工作日、关闭退出煤矿,全国煤矿数量控制在5 000处左右,推进企业兼并重组和转型升级,使煤炭产业结构更加合理,进一步提升发展的质量和效益。

2.2 煤矿事故特征

中华人民共和国成立以来,由于我国富煤、贫油、少气的资源特点,我国对煤炭资源的需求一直占主导地位。因技术条件的限制、对安全不够重视,以及煤炭开采强度的不断加大,煤矿事故不断发生,尤其是重特大事故多发,甚至发生多起死亡100人以上的事故(见表2-1),其中1960年5月9日发生的山西大同老白洞煤矿瓦斯煤尘爆炸事故,造成682人死亡,也是中华人民共和国成立以来发生的最大事故。

表2-1 中华人民共和国成立以来死亡100人以上煤矿事故

序号	时间 (年-月-日)	地点	性质	死亡人数 (人)
1	1950-02-27	河南宜洛煤矿老李沟井	瓦斯爆炸	187
2	1954-12-06	内蒙古包头大发煤矿	瓦斯爆炸、煤尘爆炸、火灾	104
3	1960-05-09	山西大同老白洞煤矿	瓦斯煤尘爆炸	682
4	1960-05-14	重庆同华煤矿	瓦斯突出	125
5	1960-11-28	河南省平顶山矿务局龙山庙矿	瓦斯煤尘爆炸	187

续表 2-1

序号	时间 (年-月-日)	地点	性质	死亡人数 (人)
6	1960-12-15	中梁山煤矿南井	瓦斯煤尘爆炸	124
7	1975-05-11	陕西铜川矿务局焦坪煤矿前卫井	瓦斯煤尘爆炸	101
8	1977-02-24	江西丰城矿务局坪湖煤矿	瓦斯爆炸	114
9	1981-12-24	河南省平顶山矿务局五矿	瓦斯煤尘爆炸	133
10	1991-04-21	山西省洪洞县三交河煤矿	瓦斯煤尘爆炸	147
11	1994-01-24	黑龙江鸡西矿务局二道河子煤矿多种经营公司七井	瓦斯爆炸	99（含37名妇女）
12	1996-11-27	山西省大同市新荣区郭家窑乡东村煤矿	瓦斯煤尘爆炸	114
13	2000-09-27	贵州省水城矿务局木冲沟煤矿	瓦斯爆炸	162
14	2002-06-20	黑龙江鸡西矿务局城子河煤矿	瓦斯爆炸	124
15	2004-10-20	河南郑州大平煤矿	瓦斯突出引发瓦斯爆炸	148
16	2004-11-28	陕西省铜川矿务局陈家山煤矿	瓦斯爆炸	166
17	2005-02-14	辽宁省阜新矿务局孙家湾煤矿	瓦斯爆炸	214
18	2005-12-07	河北唐山市刘官屯煤矿	瓦斯爆炸	108
19	2007-12-05	山西省临汾市洪洞县新窑煤矿	瓦斯煤尘爆炸	105
20	2009-11-21	黑龙江龙煤集团鹤岗分公司新兴煤矿	瓦斯突出引发瓦斯爆炸	108

2005~2014年，我国煤矿事故死亡人数整体呈快速下降趋势（见表2-2），2006年死亡人数达6 072人，2014年死亡人数为931人，降幅为84.7%。煤矿百万吨死亡率由2005年的2.81下降到2016年的0.156，降幅明显（见图2-2）。其中，2016年共关闭退出煤矿1 900多处，全国煤矿领域实现事故起数和死亡人数"双下降"，全年共发生煤矿事故起数、死亡人数同比下降29.3%、10%；较大事故起数、死亡人数同比下降37.1%、39.5%；百万吨死亡率为0.156，同比下降3.7%；福建、湖南、河北三省下降幅度均在50%以上；北京、河北、江苏、安徽、福建、山东、广西、青海、新疆等10个省（区、市）没有发生较大以上事故。

2005~2014年煤矿事故死亡人数占生产安全事故死亡总人数的比例在1.4%~5.4%，总体上呈逐年下降趋势，煤矿事故相比其他行业有较大改善，而重特大煤矿事故死亡人数占重特大生产安全事故死亡人数比例在28.4%~57.1%，这就说明虽然煤矿事故死亡人数占生产安全事故总人数的比例不高,但重特大煤矿事故发生事故较多,且造成的死亡人数多,甚至占所有重特大事故死亡人数的一半以上。虽然重特大煤矿事故死亡人数占比由2005年的57.1%降至2014年的29.7%,但依然占到三成左右,重特大煤矿事故依然较多。

表2-2 煤矿事故与生产安全事故死亡人数对比

年份	生产安全事故死亡人数(人)	煤矿事故死亡人数(人)	煤矿死亡人数占比(%)	重特大生产安全事故死亡人数(人)	重特大煤矿事故死亡人数(人)	重特大煤矿事故死亡人数占比(%)
2005	127 000	5 491	4.3	3 046	1 674	57.1
2006	112 822	6 072	5.4	1 843	744	40.4
2007	101 480	3 786	3.7	1 487	557	38.5
2008	91 172	3 210	3.5	1 971	566	28.7
2009	83 196	2 700	3.2	1 127	477	42.3
2010	79 552	2 433	3.1	1 283	449	35.0
2011	75 572	1 973	2.6	938	314	33.5
2012	71 983	1 384	1.9	924	262	28.4
2013	69 434	1 067	1.5	879	272	30.9
2014	68 061	931	1.4	772	229	29.7

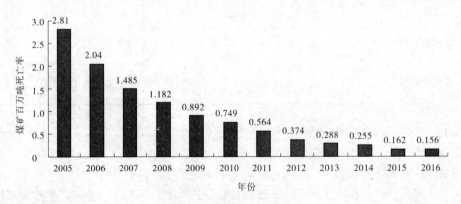

图2-2 煤矿事故分类

根据中国安全生产年鉴统计数据[2-4],从煤矿事故死亡人数(见表2-3)看,贵州、四川、湖南、重庆和云南排在前五位,五省(市)在2009年、2011年、2012年共计死亡3 122人,占总数的52.2%。另外,黑龙江、山西、新疆、河南、辽宁等省(区)事故死亡人数也较多。部分省(区、市)由于没有煤矿企业,所以没有煤矿事故。

表2-3 煤矿事故死亡人数(2009年、2011年、2012年)　　　　(单位:人)

省(区、市)	贵州	四川	湖南	重庆	云南	黑龙江	山西	新疆	河南
死亡人数	830	718	667	492	415	385	367	224	197
省(区、市)	辽宁	湖北	吉林	河北	陕西	安徽	江西	甘肃	内蒙古
死亡人数	194	186	167	159	156	135	134	122	116
省(区、市)	山东	广西	宁夏	福建	兵团	青海	江苏	北京	
死亡人数	84	75	48	38	30	21	19	5	

煤矿事故发生的主要原因有:

(1) 瓦斯治理不达标,瓦斯事故多发。在重特大煤矿事故中,瓦斯事故(瓦斯爆炸、瓦斯突出、瓦斯燃烧)约占60.5%,是造成重大人员伤亡的主要原因。在生产过程中,往往为了追求产量和进度,未对突出指标进行预测,或者预测后未重视。

(2) 安全检查和检测形同虚设,很多矿井对瓦斯超限现象睁一只眼闭一只眼,对有毒有害气体检测未重视。

(3) 煤矿违法违规开采,主要表现为偷挖乱采、证件不全、越界开采、超生产能力开采、在矿井各项指标未达标时提前开采等。

(4) 安全措施不到位,如突出矿井未按规定安装压风自救装置、预抽时间不够、瓦斯抽采不达标、掘进未进行边探边掘。

(5) 安全管理混乱,"三违"现象严重,如肖家湾煤矿在发生特别重大瓦斯爆炸事故时,安全生产管理极其混乱,以掘代采,无风微风作业,乱采滥挖,生产方式落后,毫无安全保障可言;井下炸药乱放、管理混乱导致井下火药爆炸事故频发,如平顶山兴东二矿非法组织生产,非法购买、储存、使用爆炸物品,安全生产管理混乱。劳动组织管理混乱、安全培训走过场,培训工作不到位,工人安全意识和安全素质较低,违章作业现象相当严重。

(6) 安全监管不到位,如平顶山兴东二矿火药爆炸事故,国家安全生产监督管理总局(简称安监局)安全监管工作检查指导不力;对该矿安全生产许可证到期后仍非法生产等问题失察;煤矿安全监管部门对该矿非法生产行为查处不力;国土资源管理部门未将小煤矿停工停产措施落实到位,未发现该矿非法生产问题;当班驻矿人员失职渎职,未依法阻止和上报该矿非法生产行为。

2.3 重特大煤矿事故特征

据统计,2005~2015年,重特大煤矿事故平均造成死亡人数21.86人/起,由于造成的人员伤亡和经济损失大,社会影响恶劣。为了更好地了解煤矿事故的特点,对煤矿事故做以下分类:瓦斯爆炸、瓦斯突出、透水、火灾、火药爆炸、坠落、瓦斯燃烧、煤尘爆炸、气体中毒、顶板、窒息、冲击地压、其他。煤矿事故分类如图2-3所示,具体来看,瓦斯爆炸事故最多,发生102起,瓦斯突出和透水分别为48起和46起,火灾、火药爆炸、坠落、瓦斯燃烧、煤尘爆炸、气体中毒、顶板、窒息、冲击地压、其他分别为20、9、5、5、5、4、3、3、2、5起;各分类占比分别为:瓦斯爆炸39.7%、瓦斯突出18.7%、透水17.9%、火灾7.8%、火药爆炸3.5%、坠落1.9%、瓦斯燃烧1.9%、煤尘爆炸1.9%、气体中毒1.6%、顶板1.2%、窒息1.2%、冲击地压0.8%、其他1.9%。其中,瓦斯事故(瓦斯爆炸、瓦斯突出、瓦斯燃烧)占比60.3%,可见瓦斯是煤矿安全的第一杀手。在煤矿一般事故中,顶板事故发生次数较多,由于顶板事故往往为局部小范围,重特大顶板事故较少;火药爆炸往往与违法违规作业及管理疏忽有关;部分矿井含有硫化氢等有毒有害气体造成重大人员伤亡,而深部矿井冲击地压也时有发生。从地域分布(见表2-4)看,山西、贵州、河南等省份重特大煤矿事故较多,山西以43起事故居首,由于煤炭资源分布的不均衡性,部分省(区、市)无重特大煤矿事故。

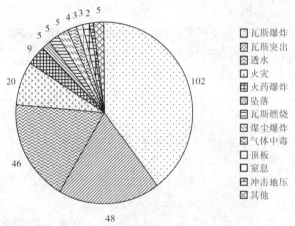

图2-3 煤矿事故分类(2005~2015年) （单位:起）

表2-4 重特大煤矿事故地域分布(2005~2015年) （单位:起）

省(区、市)	山西	贵州	河南	黑龙江	湖南	河北	云南	四川
起数	43	35	28	22	21	12	12	11
省(区、市)	新疆	陕西	吉林	辽宁	重庆	江西	内蒙古	甘肃
起数	10	9	9	9	8	7	5	4
省(区、市)	安徽	宁夏	广西	广东	山东	湖北	福建	
起数	2	2	2	2	2	1	1	

从重特大煤矿事故发生时间(见图2-4)看,1月、2月、6月事故较少,3月、4月、5月、10月、11月煤矿事故较多。研究认为,我国煤矿事故集中在春节后的3月、4月、5月,以及年底前的10月、11月。一是因为刚过完春节工人安全意识不强,二是年底前为了完成年产量目标加大了生产强度。另外,根据相关研究,重特大事故高峰时段主要集中在9:00~13:00。

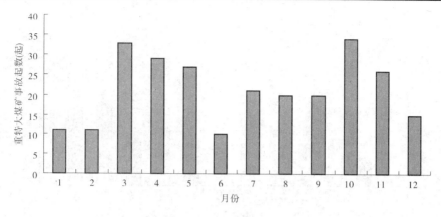

图 2-4　重特大煤矿事故发生时间(2005~2015 年)

2.3.1　重特大瓦斯爆炸事故特征

重特大瓦斯爆炸事故占重特大煤矿事故总起数的 39.7%,死亡人数占重特大煤矿事故死亡人数的 45.7%,每起平均死亡 25.15 人,相比其他事故,瓦斯爆炸事故不仅起数多,而且造成的伤亡人数和经济损失大,甚至会摧毁矿井系统。

从地域分布(见图 2-5)看,山西发生的重特大瓦斯爆炸事故最多,为 21 起,其次是贵州,为 11 起,黑龙江、四川等省相对较多。从发生时间(见图 2-6)上看,10 月发生的重特大瓦斯爆炸事故最多,共 16 起,其次是 4 月、5 月,各发生 13 起,3 月、11 月相对较多。

瓦斯爆炸需要三个条件:瓦斯浓度在爆炸范围内(5%~16%);存在一定的时间间隔,时间超过感应期、温度高于最低点燃温度(650~750 ℃)的引火源;氧气浓度大于临界值(12%)。从瓦斯爆炸的条件可以看出,瓦斯爆炸是可以预防的,在这三个条件中,第三个条件一般情况下都会达到,重点要控制瓦斯浓度并加强瓦斯监测监控,同时杜绝一切火源。

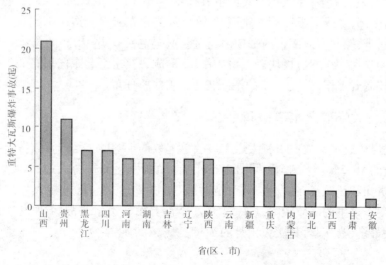

图 2-5　重特大瓦斯爆炸事故地域分布(2005~2015 年)

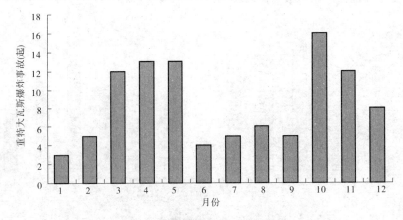

图 2-6　重特大瓦斯爆炸事故时间分布(2005~2015 年)

2.3.2　重特大煤矿瓦斯突出事故特征

重特大煤矿瓦斯突出事故占重特大煤矿事故总起数的 18.7%,死亡人数占重特大煤矿事故死亡人数的 16.1%。从图 2-7 可以看出,2005~2015 年发生重特大煤矿瓦斯突出事故的省(市)仅有 10 个,其中,贵州省发生重特大瓦斯突出事故最多,其次为湖南、河南、云南。从时间(见图 2-8)上看,3 月发生的重特大煤矿瓦斯突出事故最多,为 8 起,其次是 10 月、11 月。重特大煤矿瓦斯突出事故以南方省(市)为主,究其原因,我国突出矿井的分布与瓦斯赋存和地质构造特征有关。我国华南地区地质构造比华北地区复杂,北面受华北板块的碰撞挤压,西面受藏滇板块的推挤,南面受印支板块的作用,东面受太平洋菲律宾板块长时期的碰撞挤压作用,使华南地区煤层构造破坏严重,构造极为复杂,煤层厚度变化大,构造煤发育,突出矿井多。而贵州、湖南、云南、重庆、四川都在此区域内,因此发生的重特大煤矿瓦斯突出事故多。贵州由于煤炭储量大,矿井数量多,尤其是具有突出危险性的小煤矿多,导致瓦斯突出事故频发。

在河南南部,受扬子板块俯冲碰撞对接的影响,存在着秦岭造山带北缘逆冲推覆构造系挤压、剪切带,控制着河南省内平顶山、宜洛、义马高突矿井、矿区的分布。在河南中北部,因燕山期受太平洋库拉板块碰撞挤压作用,形成北北东至北东向展布的太行山挤压剪切构造带,控制着焦作、鹤壁、安阳等高突矿区、矿井的分布。

2.3.3　重特大煤矿透水事故特征

重特大煤矿透水事故占重特大煤矿事故总起数的 17.9%,死亡人数占重特大煤矿事故死亡人数的 16.5%。从地域(见图 2-9)上看,山西发生的重特大透水事故最多,为 10 起,其次为贵州和黑龙江,各发生 7 起;从时间(见图 2-10)上看,重特大煤矿透水事故具有季节性,冬季发生的事故较少,1 月、2 月甚至没有发生透水事故,4 月发生的重特大煤矿透水事故最多,为 9 起,其次为 3 月的 7 起。

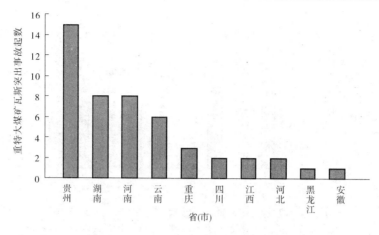

图2-7 重特大煤矿瓦斯突出事故地域分布(2005~2015年)

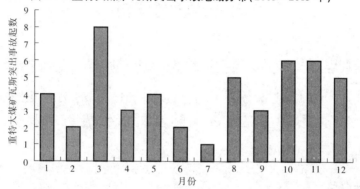

图2-8 重特大煤矿瓦斯突出事故时间分布(2005~2015年)

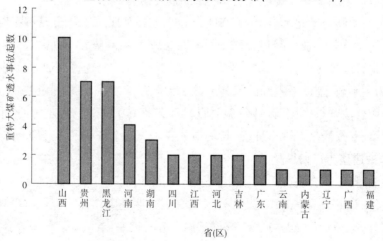

图2-9 重特大煤矿透水事故地域分布(2005~2015年)

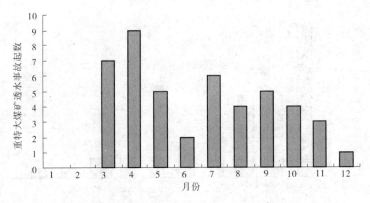

图 2-10 重特大煤矿透水事故时间分布(2005~2015 年)

2.4 案例分析

肖家湾煤矿"8·29"特别重大瓦斯爆炸事故调查报告[5]

2012年8月29日17时38分,四川省攀枝花市西区正金工贸有限责任公司肖家湾煤矿发生特别重大瓦斯爆炸事故,造成48人死亡、54人受伤,直接经济损失4 980万元。

一、矿井基本情况

(一)矿井概况

攀枝花市正金工贸有限责任公司(简称正金公司)肖家湾煤矿属西区大宝鼎街道办事处管辖,为资源整合矿井,设计年生产能力为9万t,是以原正金公司肖家湾煤矿(始建于1984年)为主体整合被关闭的峻峰工贸有限公司肖家湾煤矿(始建于1992年)而成。肖家湾煤矿整合改扩建工程于2010年5月开工,2011年2月建设完成。该矿采用平硐开拓方式,分为主平硐、辅助平硐和回风井。该矿为低瓦斯矿井,煤层不易自燃,煤尘无爆炸危险性。该矿合法开采区域(设计及验收批准生产区域)取得了营业执照、采矿许可证、安全生产许可证、煤炭生产许可证、矿长资格证及矿长安全资格证等证照。

(二)非法违法生产情况

发生事故时,该矿合法开采区域开采标高为+1 464~+1 270 m,有1个采区,在9号和10号煤层各有1个采煤工作面,10号煤层有2个掘进工作面。但该矿非法违法开采,在批准开采区域外的主平硐+1 277 m标高以下和辅助平硐+1 327 m标高以下的17个煤层中共布置41个非法采掘作业点。4个采煤队在该区域内采用非正规采煤方法,以掘代采、乱采滥挖。经查,非法违法开采区域有9个煤层不在采矿许可证批准的煤层范围内,在平面范围内巷道越界257 m。自2011年至发生事故前,该矿在验收批准的开采区域仅生产煤炭1.43万t,而在非法违法区域的产煤量达21.14万t。

肖家湾煤矿为了隐瞒非法违法开采区域的情况,逃避政府及有关部门检查,采取伪造报表、记录等原始资料和在井下巷道打密闭的方式对付检查。该矿非法违法开采区域的巷道实际情况仅由测量人员和正金公司总经理掌握,没有绘制图纸。在有关部门检查前,如果预先接到通知,就安排各采煤队提前对所采区域(共9处巷道)进行密闭;如果面临突然检查,就利用检查人员在地面看图纸资料和做下井准备的间隙,由矿长或副矿长通知各采煤队分别对所采区域的巷道进行突击密闭。该矿采取活动式伪装密闭,伪装外表与巷道形式、形状一致,隐瞒非法违法生产真相,蓄意逃避监管。该矿没有一张能反映井下真实情况的图纸,如"迷宫"般地乱采滥挖,冒险蛮干。

二、事故发生及抢险救援经过

2012年8月29日中班,该矿各采煤队分别召开班前会后,153名工人于15:00~17:30陆续入井,到非法违法区域作业。至事故发生时,早班有16人未升井,中班有4人提前出井,井下共有165人。应带班的安全副矿长阳益友未按规定下井带班。

10号煤层提升下山处于无风微风状态,造成瓦斯积聚,17:38作业人员在操作提升绞车信号装置时,因失爆产生火花,发生瓦斯爆炸,2名工人当场死亡。爆炸冲击波导致+1220m平巷下部8号和9号煤层部分采掘作业点积聚的高浓度瓦斯发生爆炸。爆炸波及10号煤层提升下山及上口附近、12号煤层下山、+1220m平巷、8号和9号煤层一平巷至五平巷及附近采掘作业点、5号和6号煤层采掘作业点。

事故发生后,在主通风机附近的机电副矿长何英虎听到主通风机声音异常,判定井下发生了事故,随即打电话通知了技术副矿长王勇。王勇与安全副矿长阳益友组织人员入井施救并查看情况。18:11矿长郑长海感到事态严重才向有关部门报告,并召请攀枝花煤业(集团)有限责任公司救护消防大队救援。经自救和互救,共有115人升井,其中3人在送往医院途中死亡,50人被困在井下。

接到事故报告后,攀枝花市人民政府立即启动煤矿安全生产应急预案。当晚,四川省人民政府决定成立攀枝花市肖家湾煤矿"8·29"瓦斯爆炸事故抢险救援联合指挥部,由副省长刘捷任指挥长。抢险指挥部先后调集了省内外11支矿山救护队33个作战小队341名指战员火速赶到现场。安监局局长杨栋梁会同四川省委、省政府主要领导同志组织指挥救援工作,安监局副局长、国家煤矿安全监察局长付建华亲自下井了解事故情况,现场指导救援工作。截至9月15日,经过17天奋力营救,抢救出5名遇险人员,找到45名遇难人员遗体。至此,事故共造成48人死亡。

四川省和攀枝花市人民政府高度重视事故善后处理工作,精心治疗受伤矿工,妥善做好遇难矿工家属的安抚赔偿工作,矿区社会秩序稳定。

三、事故原因和性质

(一)直接原因

肖家湾煤矿非法违法开采区域的10号煤层提升下山采掘作业点和+1220m平巷下部8号、9号煤层部分采掘作业点无风微风作业,瓦斯积聚达到爆炸浓度;10号煤层提升下山采掘作业点提升绞车信号装置失爆,操作时产生电火花、引爆瓦斯;在爆炸冲击波高温作用下,+1 220 m 平巷下部 8 号和 9 号煤层部分采掘作业点积聚的瓦斯发生二次爆炸,造成事故扩大。

(二)间接原因

1. 正金公司肖家湾煤矿

(1)非法违法组织生产,超层越界非法采矿。该矿在批复区域外组织 4 个采煤队乱采滥挖、超层越界非法采矿,非法采煤量达 21.14 万 t,且采用突击临时封闭巷道的办法,隐瞒非法开采区域的真相,逃避政府及有关部门的监管。

(2)超能力、超定员、超强度生产。该矿在非法违法区域布置多煤层、多头面同时作业,矿井设计生产能力 9 万 t/年,而 2011 年实际产量为 14.17 万 t,2012 年 3~7 月为 8.4 万 t;矿井设计定员为 274 人,而事故发生时共有职工 753 人,其中从事采掘作业的职工共计 661 人。

(3)非法违法区域通风管理混乱。没有形成稳定可靠的通风系统,采用局部通风机供风,经常发生停电停风现象,并存在一台风机向多头面供风的问题;采掘作业点之间形成大串联,存在循环风,还与周边矿井联通,造成风量不足,部分采掘作业点无风微风作业;没有安装瓦斯监控传感器,在瓦斯超限时不能报警、断电,且瓦斯检查制度不落实。

(4)技术管理缺失。该矿技术资料缺乏,+1 277 m 标高以下非法违法区域无开采设计、无作业规程、无安全技术措施,且没有与实际开采情况相符的图纸。

(5)现场管理混乱。矿井提升绞车信号装置没有使用信号综合保护;机电设备检修不及时,且使用明令禁止的淘汰设备;未使用完的火工品乱扔乱放;入井人员不携带自救器;不严格执行出入井登记管理制度,发生事故后难以核清井下实际人数;不执行矿领导带班下井制度,事故当班没有矿领导入井带班。

2. 安全生产监督管理部门

(1)攀枝花市西区安全生产监督管理局履行安全监管和煤炭行业管理职责不力,开展打击煤矿非法违法生产经营建设行为(简称"打非治违")工作流于形式,对肖家湾煤矿监督检查走过场,未依据该矿作业规程和生产计划对核定采掘工作面推进情况、煤炭产量、火工品使用情况等进行核查,未发现该矿长期存在的在批复区域外非法违法组织生产、非法采矿和超能力、超定员、超强度生产等问题;对该矿建设期间的火工品审批工作审核把关不严,未按工程量核定火工品数量;对大宝鼎街道煤矿安全生产监督管理工作指导和督查不到位,对安全生产监督管理办公室负责人和驻矿安监员失职渎职的行为失察。

(2)攀枝花市安全生产监督管理局履行煤矿安全生产监督管理和煤炭行业管理职责不到位,组织开展煤矿"打非治违"和日常监督检查工作不力;到肖家湾煤矿检查或验收时,未依据作业规程和生产计划对核定采掘工作面推进情况、煤炭产量、火工品使用情况等进行核查,对该矿非法违法生产等问题失察;指导、监督西区煤矿安全生产工作不力。

3. 国土资源管理部门

(1)攀枝花市国土资源局西区国土资源所未组织开展对辖区内煤矿井下违法问题的

监督工作,未发现肖家湾煤矿长期存在的超层越界非法采矿行为。

(2)攀枝花市国土资源局西区分局开展矿产资源开发利用和保护工作不力,未发现2011年以来肖家湾煤矿长期存在超层越界非法采矿的问题;未按照《国务院关于预防煤矿生产安全事故的特别规定》(国务院令第446号)和《攀枝花市人民政府关于加强煤矿矿政管理及安全管理工作的通知》(攀府发〔2007〕10号)的要求,将本局2010年查结的肖家湾煤矿超层越界开采案件移送司法机关和有关部门处理;在该矿因超层越界非法采矿受到核查的情况下,未认真审核肖家湾煤矿采矿许可证办理资料,把关不严,使其通过初审。

(3)攀枝花市国土资源局未正确履行矿产资源监督管理职能,组织开展矿产资源领域"打非治违"工作不力,对辖区内煤矿存在的超层越界非法采矿问题失察;对本局有关处室和西区国土资源分局矿产资源监管工作督促、检查不到位。

4. 公安机关

攀枝花市公安局西区分局及分局治安大队、宝鼎派出所未正确履行民用爆炸物品安全管理职能,对肖家湾煤矿申请的火工品数量审查把关不严,未对该矿建设期间的建设实际工程量和生产期间的实际生产能力、需求量进行调查核实就审查同意企业申请的火工品数量。宝鼎派出所未督促该矿建立爆破员爆破工作日志制度,在日常检查中也未把爆破工作日志列入检查内容。攀枝花市公安局西区分局指导治安大队和宝鼎派出所开展民用爆炸物品安全管理工作不到位,对该矿未建立爆破员爆破工作日志制度等问题失察。

事故发生后,攀枝花市公安局西区分局对被控制对象兰明才看管不严,致其跳楼自杀,严重影响了事故调查工作,攀枝花市公安局西区分局相关民警和领导对此负有责任。

5. 地方党委、政府

(1)宝鼎街道党工委和办事处贯彻落实上级党委、政府关于煤矿安全生产工作的部署和要求不力。宝鼎街道办事处对辖区内煤矿安全生产日常监管工作流于形式,未发现肖家湾煤矿长期在批复区域外非法违法生产、非法采矿等问题;对分管安全生产工作的领导、安全生产监督管理办公室负责人和驻矿安监员履行煤矿安全生产监管职责的情况督促检查不到位。宝鼎街道党工委对街道办事处煤矿安全生产监管工作督促不到位,对煤矿安全生产监管队伍存在的违纪违法问题失察。

(2)攀枝花市西区区委、区政府贯彻落实党和国家有关煤矿安全生产方针政策、法律法规不到位。西区人民政府组织开展煤矿"打非治违"工作不深入,多次组织检查均未发现肖家湾煤矿长期在批复区域外非法违法生产、非法采矿等问题。西区区委、区政府对有关职能部门和宝鼎街道党工委、办事处煤矿安全生产监管工作督促检查不力,对党员干部监督管理不到位。

(3)攀枝花市人民政府贯彻落实国家有关煤矿安全生产法律法规不到位,对所辖西区人民政府及市人民政府有关职能部门煤矿安全生产监管工作督促指导不到位。

6. 煤矿安全监察机构

四川煤矿安全监察局攀西监察分局开展辖区内煤矿安全监察工作不力,在检查肖家湾煤矿时，未认真核查该矿实际生产状况，未发现其长期在批复区域外非法违法生产、非法采矿和超能力、超定员、超强度生产等问题。

事故调查组在调查过程中，还发现了安全生产监督管理部门、国土资源管理部门、街道办事处有关公职人员涉嫌渎职、收受贿赂等问题的线索，已责成地方有关部门调查处理。四川省、攀枝花市纪委已分别牵头成立了专案组深入调查。

（三）事故性质

经调查认定，四川省攀枝花市西区正金公司肖家湾煤矿"8·29"特别重大瓦斯爆炸事故是一起责任事故。

四、对事故有关责任人员和责任单位的处理建议

攀枝花市正金公司实际控制人于2012年8月31日在家中跳楼自杀身亡，不再追究其责任。攀枝花市正金公司法定代表等31人由司法机关采取相应措施，待司法机关做出处理后，相关人员由有关单位按干部人事管理权限及时给予相应的党纪、行政处分。攀枝花市西区安全生产监督管理局煤矿监督管理科科长等33人建议给予党纪、行政处分。

五、防范措施

各产煤省（区、市）地方各级人民政府及有关部门、煤矿企业要认真学习领会党的十八大对安全生产提出的新要求，坚持科学发展、安全发展，坚决贯彻"安全第一、预防为主、综合治理"的方针，严格执行党和国家有关安全生产的法律法规，深刻吸取这次事故的教训，从以下几个方面切实加强和改进煤矿安全生产工作。

（一）严厉打击非法违法生产建设行为

地方各级人民政府要将"打非治违"作为安全生产工作的一项重要内容制度化、长期化，切实加强对"打非治违"工作的领导，进一步完善和落实地方政府统一领导、相关部门共同参与的联合执法机制，形成工作合力，始终保持高压态势，集中严厉打击各类非法违法生产经营建设行为，坚决治理纠正违规违章行为。要进一步强化地方各级政府特别是县、乡两级政府的"打非治违"责任，切实将"打非治违"的各项要求和措施落到实处。肖家湾煤矿长期存在的严重"超能力、超定员、超强度"和超层越界非法违法生产行为，不是个案，应引起高度重视。国土资源部门要加强矿产资源的管理，严格采矿许可证的年检和储量的动态管理，主动检查煤矿超层越界违法行为。对发现存在超层越界行为的矿井，要依法进行严厉查处，其有关人员涉嫌构成刑事犯罪的，要及时依法移交司法机关处理。安全监管监察部门要查明煤矿生产建设真相，监督煤矿严格在批准的煤层、开采范围、开采方案和工作面进行采掘作业，对隐瞒真实情况、逃避监管、非法违法生产的煤矿，一经查实，必须采取有力措施予以查处，直至吊销证照，提请地方人民政府依法关闭。

（二）切实加大执法力度和提高执法效果

肖家湾煤矿长期非法违法生产、违规违章作业、安全管理混乱，相关地方人民政府及相关部门虽多次执法检查，根本问题却没有得到及时发现和处理，以致酿成大祸，教训极

为深刻。地方各级人民政府和有关部门要进一步改进工作方式和方法,切实加大执法力度,提高执法效果。一是采取明查暗访、突击检查等方式,防止煤矿弄虚作假、逃避检查;二是建立完善举报制度,鼓励群众举报煤矿非法违法生产行为和存在的严重隐患,重奖举报人员;三是加强对驻矿安监员的管理,完善驻矿安监员的管理体制、机制、制度,充分发挥驻矿安监员在煤矿安全生产监管中应有的作用。对不负责任、知情不报甚至失职渎职的人员要严肃处理。

(三)严格落实煤矿安全生产主体责任

地方各级人民政府和有关部门要针对这起事故暴露出的现场管理混乱、技术管理缺失等问题,督促煤矿企业认真吸取教训,严格落实有关法律法规和《国务院关于进一步加强企业安全生产工作的通知》(国发〔2010〕23号)精神,健全完善严格的安全生产规章制度,严格落实《煤矿矿长保护矿工生命安全七条规定》(国家安全监管总局令第58号)和瓦斯治理"十条禁令",做到井巷布局和采掘部署合理,通风系统完善可靠,采用正规采煤方法,减少作业头面,图实相符;深入推进煤矿安全质量标准化建设,推进煤矿机械化建设,提高技术装备水平,坚决淘汰国家明令禁止的设备和工艺;严格落实入井检身制度和出入井人员考勤制度,入井人员必须随身携带自救器,严格落实煤矿企业领导带班下井制度;加强职工培训教育,提高从业人员的业务技能、隐患排查识别能力和防灾避灾技能等,职工未经培训不得下井作业。对不具备安全生产条件的煤矿,坚决停产整顿;对停产整顿期间生产的或整顿后仍然不达标的煤矿,要依法提请关闭。

(四)全面提升煤矿办矿水平

四川省要结合本省煤矿数量多、规模小、灾害严重、基础薄弱的实际,按照"十二五"期间淘汰落后产能计划抓好落实,下决心关闭不符合安全生产条件和产业政策的小煤矿,通过加强瓦斯防治能力评估、兼并重组和淘汰落后产能等方面工作,切实提高煤矿办矿水平,提升煤矿安全生产保障能力。要结合实际学习"神华经验"以及山西、河南、河北等地煤矿企业兼并重组的好做法,支持和鼓励安全管理水平高的大型煤矿企业兼并重组小煤矿,促进地方经济和企业安全发展。

(五)切实加强煤炭行业管理和煤矿安全监管监察工作

各级煤矿安全监管监察部门、煤炭行业管理和其他负有安全生产管理职责的部门,要加强自身建设,深入基层,深入现场,做到严格执法、公正执法、廉洁执法。要健全完善安全监管、行业管理和执法体系,尤其要加强县级和乡镇安全监管力量建设。煤炭行业管理部门要及时研究解决行业管理中涉及安全的重大问题,促进煤炭行业持续健康发展。建立煤炭行业管理与安全监管监察部门工作会商机制,充分发挥国土资源、煤炭行业、公安、监察、工会、工商等部门的协调联动作用,加强对煤炭行业发展、生产、安全工作中重大问题的沟通和协调,及时研究解决,形成合力,促进煤矿安全生产形势持续稳定好转。

参考文献

[1] 国家统计局.国民经济和社会发展统计公报[EB/OL].[2016-02-29]. http://www.stats.gov.cn/tjsj/

tjgb/ndtjgb/.
[2] 国家安全监督管理总局. 中国安全生产年鉴(2009)[M]. 北京:煤炭工业出版社,2010.
[3] 国家安全监督管理总局. 中国安全生产年鉴(2011)[M]. 北京:煤炭工业出版社,2012.
[4] 国家安全监督管理总局. 中国安全生产年鉴(2012)[M]. 北京:煤炭工业出版社,2013.
[5] 国务院事故调查组. 肖家湾煤矿"8·29"特别重大瓦斯爆炸事故调查报告[EB/OL]. [2013-03-26]. http://www.chinasafety.gov.cn/newpage/Contents/Channel_20132/2013/0326/200318/content_200318.htm.

第 3 章　交通事故特征

3.1　交通安全形势

随着我国经济社会的快速发展,交通和运输行业呈现出井喷式的发展,我国大部分城市已进入国际公认的私家车普及阶段(人均 GDP 大于 3 000 美元)。1990 年,我国机动车保有量是 1 476.26 万辆,其中汽车 551 万辆,驾驶人 1 635 万人,但是汽车驾驶人只有 790.96 万人。到了 2016 年,全国机动车保有量达 2.9 亿辆,其中汽车 1.94 亿辆;机动车驾驶人 3.6 亿人,其中汽车驾驶人超过 3.1 亿人[1]。机动车及驾驶员数量迅速增长,给人们生产生活带来便捷的同时,也带来不容忽视的安全隐患。

1990 年,我国公路的总里程为 102.83 万 km,到了 2016 年年末,全国公路总里程达 469.63 万 km,比 2015 年增加 11.90 万 km,为 1990 年的 4.6 倍。公路密度 4 892 km/km^2,比 2015 年增加 124 km/km^2。再有是高速公路的情况,从 1988 年我国第一条高速公路的建成到 2016 年我国高速公路已经达到了 13.10 万 km,居世界第二位,而且这个数字还在快速增长。这 20 年我们国家的驾驶人、车、路快速增长,为我国的经济发展提供了强有力的动力,但与此同时我国的交通安全情况也出现了严峻的局面。对比而言,1990 年全国的交通事故死亡 49 271 人,受伤 15 万人,到了 2002 年的时候我国的交通事故死亡 109 381 人,受伤 562 074 人,达到了中华人民共和国成立以来的最高峰。2015 年,我国交通事故发生 187 781 起,死亡 58 022 人,受伤 199 880 人,直接财产损失 103 691.7 万元。

根据中国严重的交通安全态势,在 2003 年 10 月 28 日全国人大常委会第五次会议上通过了《中华人民共和国道路交通安全法》,并规定于 2004 年 5 月 1 日起实施。自此全国的交通事故就逐渐呈现下降的趋势,2011 年全国交通事故就达到了 210 812 起,发生事故的起数还在上升,造成了 62 387 人死亡,237 421 人受伤,直接财产损失就达到了 10.8 亿元。

中国道路交通安全协会副理事长赵晓平指出:我国的交通安全形势由一个事故高发期逐步进入了一个平稳期,在这个平稳期阶段有的年份事故可能高一些,有的年份事故低一些,这是平稳期的一个特征。但是距离事故下降期我们还有相当长的路程,交通安全管理形势依然严峻,预防交通事故的工作依然繁重。

当前我国道路交通安全形势十分严峻,保障道路交通安全的任务十分艰巨。20 世纪五六十年代,我国每年死于道路交通事故的人数为几千人,80 年代初为 2 万多人,到 1986 年死亡人数超过 5 万人。进入 90 年代,交通运输作为国民经济的先导性产业,公路客、货运量增长迅速,公路资源利用和承载开始出现失衡。特别是 90 年代后期,由于我国工业化、城市化进程中产业结构调整,经济成分多元化,以及基础设施建设落后等问题,加剧了道路交通各要素不协调和矛盾冲突的程度,增加了道路交通的复杂性和引发道路交通事故的可能性,交通事故数量和死亡人数快速上升,2001～2004年,道路交通事故死亡人数一度高居10万人以上。

3.2 道路交通事故特征

2005～2014年我国道路交通、煤矿事故死亡人数与生产安全事故死亡总人数对比如图3-1所示,我国道路交通事故死亡人数远远高于煤炭事故,从表3-1可以看出,道路交通事故死亡人数占生产安全事故死亡总人数的77.7%～86.0%,基本维持在80%以上,而煤矿事故死亡人数占生产安全事故死亡总人数的比例在不断下降,2014年仅为1.4%,道路交通事故已经成为我国公共安全的最主要威胁。而且我国的汽车保有量每年都在快速增加,电动车和老年代步车事故增多,因此若要保持道路交通事故死亡人数下降是非常困难的。

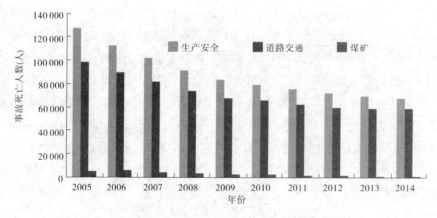

图3-1 主要事故类型与生产安全事故死亡人数对比

表3-1 主要行业事故类型占比

年份	生产安全事故死亡人数(人)	道路交通事故死亡人数(人)	道路交通事故死亡人数占比(%)	煤矿事故死亡人数(人)	煤矿事故死亡人数占比(%)
2005	127 000	98 738	77.7	5 491	4.3
2006	112 822	89 455	79.3	6 072	5.4
2007	101 480	81 649	80.5	3 786	3.7
2008	91 172	73 484	80.6	3 210	3.5
2009	83 196	67 759	81.4	2 700	3.2
2010	79 552	65 225	82.0	2 433	3.1
2011	75 572	62 387	82.6	1 973	2.6
2012	71 983	59 997	83.3	1 384	1.9
2013	69 434	58 539	84.3	1 067	1.5
2014	68 061	58 523	86.0	931	1.4

我国交通事故总数和死亡人数虽然有一定的减少,但仍然处于较高水平,如图 3-2、图 3-3 所示,交通事故在 2002 年达到高峰,共发生 773 137 起,死亡 109 381 人,2002~2009 年,交通事故起数和死亡人数呈快速下降趋势,而 2010 年至今,交通事故起数约在 200 000 起,死亡人数在 60 000 人左右,呈现出高位震荡状态;2005~2015 年我国万车死亡率呈逐渐下降趋势(见图 3-4),由 2005 年的 7.6 降低到 2015 年的 2.1,降低了 72.4%。与交通事故起数和死亡人数一样,近些年保持在稳定阶段,进一步降低的难度很大,交通事故死亡率仍然较高。我国交通事故死伤人数连续十多年高居世界第一位,与日本、美国等发达国家相比,我国的万车死亡率依然较高。

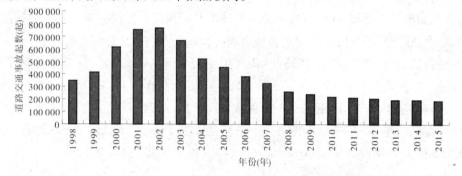

图 3-2　历年道路交通事故起数(资料来源:《中国统计年鉴》)[3]

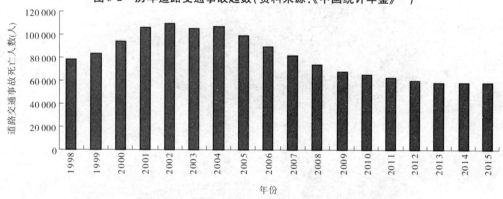

图 3-3　历年道路交通事故死亡人数(资料来源:《中国统计年鉴》)

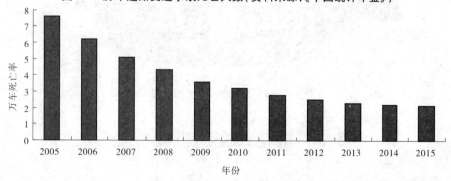

图 3-4　历年万车死亡率

另外,交通秩序与路权意识淡薄[2]。约90%的事故死亡人数是因为机动车驾驶人肇事导致,其中超速和未按规定让行是主要原因。俗话说"十次事故九次快",超速行驶严重违反交通秩序。路权是指交通参与者的道路使用权,是交通范畴内特定的、由交通法规赋予交通参与者的一定空间和时间内在道路上进行交通活动的一种权利,包括行驶权、通行权、先行权和占用权。在路权分配方面,我国长期以来存在"以车为本"的倾向,不论是修建高架桥还是人行天桥,都以如何让车辆行驶得更加畅通为目标。在路权分配上,往往为了拓宽车道提高道路的通行能力挤占自行车道和人行道。路权在分配上以满足低效率的个体出行交通工具为目标的思路,无形中鼓励了小汽车对道路的占用,恶化了公共交通、自行车和步行的通行条件,造成了交通秩序混乱的局面。侵权行为的共性之一在于强者欺负弱者,在路权上的侵权行为更多地表现为交通强者挤占交通弱者的权利。

从道路交通事故分类看,2015年共发生道路交通事故187 781起,机动车事故170 130起,占事故总数的90.6%(见图3-5);非机动车事故15 437起,占事故总数的8.22%;行人、乘车人2 137起,占事故总数的1.14%;其他事故77起,占事故总数的0.04%。在机动车事故中,汽车事故129 155起,占75.92%(见图3-6);摩托车事故37 605起,占22.11%;拖拉机事故2 185起,占1.28%;其他事故占0.07%。

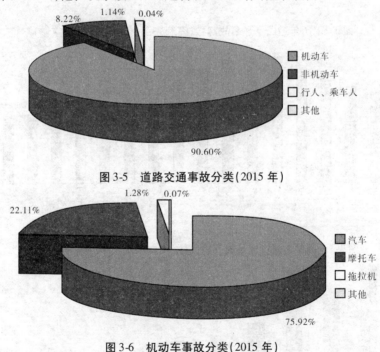

图3-5 道路交通事故分类(2015年)

图3-6 机动车事故分类(2015年)

3.3 重特大交通事故特征

交通事故分为道路交通、水上交通、铁路交通和民航飞行事故。从图3-7可以看出,重特大交通事故以道路交通为主,2005~2015年共发生重特大道路交通事故306起,占交通事故的91.3%；其次为重特大水上交通事故24起，占重特大交通事故的7.2%；重特大铁路交通和民航飞行事故分别为3起和1起，事故较少。

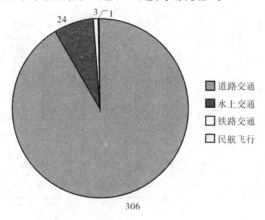

图3-7　交通事故分类(2005～2015年)　(单位：起)

从重特大交通事故地域分布(见表3-2)看，云南、贵州、湖南、山东、湖北等省份事故多发，以云南31起为最多，主要原因在于这些地方山川、河流较多，路况复杂，或者路网发达，交通流量大；北京、海南事故起数最少，分别仅发生1起。

表3-2　重特大交通事故地域分布　　　　　　　　　　　　　　　　(起)

省(区、市)	云南	贵州	湖南	山东	湖北	广东	四川	西藏	江西	河南	山西
起数	31	20	18	18	16	16	16	16	15	13	12
省(区、市)	江苏	新疆	安徽	广西	甘肃	黑龙江	福建	重庆	陕西	辽宁	宁夏
起数	12	12	11	11	11	10	10	9	8	7	7
省(区、市)	河北	吉林	浙江	内蒙古	青海	天津	上海	北京	海南		
起数	7	6	6	6	5	2	2	1	1		

从重特大交通事故发生月份(见图3-8)看，2月、3月、4月、8月事故较多，6月、9月、12月事故较少，以3月的43起为最多，其次是8月的37起。春天重特大交通事故多发，尤其以3月最为严重，主要是春困疲倦、出行人数增加等原因造成的。

3.3.1　重特大道路交通事故特征

2014年共发生15起重特大道路交通事故，如表3-3所示，其中3起特大事故。在15起重特大道路交通事故中，仅有2起无违法违规行为，事故原因为车辆故障和操作不当，其他13起重特大道路交通事故均存在违法违规现象，违法违规事故占86.7%。据统计，违法违规重特大道路交通事故原因主要有超速、超载、违法占道、疲劳驾驶、违法改装、违反相关规定等，其中超速5起，占33.3%，超载6起，占40%，违法占道和疲劳驾驶各为3起。有的事故存在多种违法违规现象，一些操作不当行为往往是发生在违法违规之后，导致事故的发生。

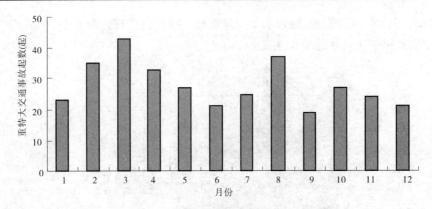

图 3-8 重特大交通事故发生时间(2005~2015 年)

表 3-3 2014 年重特大道路交通事故概况

时间 (年-月-日)	死亡人数(人)	事故情况	事故原因
2014-12-13	12	12月13日,广东河源市境内,一辆大货车刹车失灵侧翻,后方紧跟的一辆物流大货车紧急刹车,致使其后紧跟的一辆小轿车、一辆面包车、一辆装载钢筋的大货车连续追尾相撞,着火燃烧,造成12人死亡、3人受伤	超速、超载、违法占道、车辆故障
2014-11-19	12	11月19日,山东烟台市蓬莱市境内,一辆大货车与一辆微型面包车相撞,造成12人死亡、3人受伤	超载
2014-09-06	11	9月6日7时40分,甘肃省庆阳市,一辆农用三轮车在下山转弯处驶出路面,下坡空挡行驶的农用三轮车撞上砖墙发生侧翻,造成11人死亡、3人受伤	无证驾驶、违法载人、操作不当、超速
2014-08-26	15	新A号大客车于8月26日12时14分行至连霍高速公路2 616 km+300 m 处时,突然左拐冲撞中央隔离带后,驶入对向车道,与对向行驶重型仓栅式半挂车相撞,造成12人当场死亡、3人抢救无效死亡、35人受伤	疲劳驾驶
2014-08-18	16	8月18日11时20分许,318国道西藏工布江达县加兴乡发生一起交通事故,一辆载有45人的旅游大巴坠入路边的尼洋河中,造成16人死亡	车辆故障
2014-08-09	44	8月9日16时25分,西藏自治区拉萨市尼木县境内,一辆大巴车与一辆越野车和皮卡车碰撞,大巴车坠入悬崖,造成44人死亡	超速、违法占道、车辆故障

续表 3-3

时间 (年-月-日)	死亡人数(人)	事故情况	事故原因
2014-07-19	54	7月19日凌晨3时许,沪昆高速湖南省邵阳市境内,一辆厢式小货车与一辆大客车发生追尾后燃烧,造成54人死亡、6人受伤	非法营运、疲劳驾驶
2014-07-10	11	7月10日17时左右,湖南省长沙市岳麓区境内,一辆校车掉入水库,至11日4时30分许,造成11人死亡	超速、违法占道
2014-05-25	11	5月25日6时40分许,新疆维吾尔自治区甘莫公路86 km处,一辆重型货车与一辆轻型货车发生碰撞,造成11人死亡、31人受伤	超速、超载
2014-03-25	16	3月25日0时30分左右,重庆市黔江区,一辆大客车行至包茂高速公路黔江段发生侧翻,随后被货车追尾,造成16人死亡、54人受伤	操作不当
2014-03-06	11	3月6日9时45分许,四川省南充市仪陇县,一辆农村客运车行至杨桥镇五一桥时,撞断护栏坠入湖中,事故造成11人死亡,司机明知车辆存在多处故障仍上路,涉嫌交通肇事罪	车辆故障、操作不当
2014-03-05	10	3月5日,吉林省吉林市,一辆通勤车起火燃烧,造成10人死亡、18人受伤	违法改装
2014-03-03	10	3月3日1时20分,甘肃省甘南州境内,一辆客车从云南驶往兰州皋兰,行至国道213线合作市卡加曼乡依毛村附近时发生侧翻,事故造成10人死亡	超载、疲劳驾驶、违反相关规定
2014-03-01	40	3月1日14时50分,山西省晋城市境内(晋城—济源)高速公路上,一辆甲醇运输车与一辆运煤车发生追尾,导致运煤车自燃,造成40人死亡	超载、操作不当
2014-01-15	12	1月15日9时许,云南省昆明市禄劝县马鹿塘乡上龙厂村路段,一辆面包车坠下50余 m山崖,造成12人死亡	超载、操作不当

3.3.2 重特大水上交通事故特征

2005~2015年共发生24起重特大水上交通事故。从地域上看,湖南共发生5起重特大水上交通事故,其次为辽宁3起,安徽、江苏、江西分别2起,山东、广东、广西、贵州、陕西、上海、黑龙江、四川、河北、浙江各1起。水上事故表现出明显的地域性,以南方和沿江沿海地区为主。从时间(见图3-9)上看,以10月的5起为最多,其次是3月的4起,7月和11月未发生重特大水上交通事故。事故类型为:相撞8起、倾覆14起、触礁1起、搁浅1起。主要原因为:超载、非法载客、恶劣天气、操作不当、船只故障、疲劳驾驶、违法试航等。

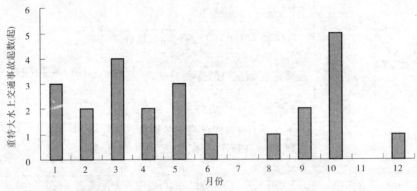

图3-9 重特大水上交通事故发生时间(2005~2015年)

3.3.3 重特大铁路和民航交通事故特征

3.3.3.1 重特大铁路交通事故

铁路和民航交通事故相对道路交通事故来说较少,但一旦发生,往往造成大量的人员伤亡和财产损失。1980年以来,重特大铁路交通事故如表3-4所示。

据统计,自1980年以来,共发生14起重特大铁路交通事故,其中列车相撞4起,列车追尾3起,列车火灾、列车爆炸各2起,列车撞人、列车坠桥和列车颠覆各1起。从原因上看,14起重特大铁路交通事故中,有5起是冒进信号导致的事故,这5起信号问题有司机违章操作、列车故障、信号工违规作业等原因;2起是旅客携带易燃物品导致的列车火灾;2起列车爆炸均为有预谋旅客犯罪行为;2起是列车超速导致的列车追尾和列车颠覆;1起列车撞人事故是施工人员提前进入现场所致;1起是桥梁折断导致列车坠河;另外还有1起是列控设备缺陷导致的列车追尾。

随着我国铁路相关技术的快速发展以及安全监测监控的加强,有些重特大铁路交通事故已多年未发生,如列车火灾和列车爆炸。2000年以来重特大铁路交通事故仅发生3起,较之前大大减少。

表 3-4　重特大铁路交通事故(1980 年以来)

时间 (年-月-日)	事件	死亡人数(人)	原因	事故情况
2011-07-23	列车追尾	40	列控设备缺陷导致动车遭雷击后自动制动	20 时 34 分,D3115 次动车与 D301 次动车行至温州方向双屿路段下岙路时,发生追尾脱轨坠落事故,致 200 余人死伤(40 人死亡)
2008-04-28	列车相撞	70	T195 次严重超速	4 时 41 分,北京开往青岛的 T195 次列车运行到胶济铁路周村至王村之间时脱线,与上行的烟台至徐州 5034 次列车相撞,事故造成 70 人死亡、416 人受伤
2008-01-23	列车撞人	18	施工人员提前进入施工现场被疾驰动车撞上	20 点 48 分,北京开往青岛四方的动车组 D59 次列车运行至胶济线安丘至昌邑间时,发生重大交通事故,造成 18 人死亡、9 人受伤。这是中国首起动车组列车发生的重大交通事故
1997-04-29	列车追尾	126	信号工违章使用封连线导致车辆追尾	昆明开往郑州的 324 次旅客列车,运行到京广线荣家湾时,与停在该站长沙开往茶岭的 818 次旅客列车相撞,造成乘务员和旅客死亡 126 人、重伤 45 人、轻伤 185 人
1993-07-10	列车追尾	40	司机错误理解调度命令的内容,擅自关闭机车信号和自动停车装置,严重违章蛮干,玩忽职守,致使客货列车追尾冲突	北京开往成都的 163 次旅客列车,运行至京广线新乡南场至七里营间,与前行的 2011 次货车发生追尾冲突,造成乘务员 32 人死亡、7 人重伤、4 人轻伤,旅客 8 人死亡、2 人重伤、35 人轻伤;中断京广线正线行车 11 小时 15 分。这次事故是郑州铁路局客运乘务员伤亡最为惨重的事故
1992-03-21	列车相撞	15	列车冒进、冒出信号	211 次旅客列车在浙赣线五里墩车站冒进、冒出信号,与进站的 1310 次货车发生冲突相撞,造成旅客死亡 15 人、伤 25 人,机车报废 2 台,客货车报废 9 辆,中断行车 35 小时
1989-06-26	列车爆炸	24	列车发生旅客犯罪爆炸	杭州开往上海的 364 次列车运行至松江和协兴间发生爆炸,造成旅客死亡 24 人、重伤 11 人、轻伤 28 人,中断正线行车 4 小时 7 分

续表 3-4

时间 (年-月-日)	事件	死亡人数(人)	原因	事故情况
1988-03-24	列车相撞	28	列车冒进信号	南京开往杭州的 311 次旅客列车,运行到沪杭外环线匡巷车站,由于列车冒进信号,与正要进站的长沙开往上海的 208 次旅客列车发生正面冲突,造成旅客及路内职工死亡 28 人、重伤 20 人、轻伤 79 人,其中日本旅客死亡 27 人、重伤 9 人、轻伤 28 人,中断行车 23 小时。该事故是外籍旅客伤亡最多的一次严重事故,日本旅客除教师 1 人外,其余都是 16 岁以下的中学生
1988-01-24	列车颠覆	88	列车超速,受阻力造成	昆明开往上海的 80 次特快列车,运行至贵昆线且午至邓家村间,由于列车颠覆,造成旅客及铁路职工死亡 88 人、重伤 62 人、轻伤 140 人
1988-01-07	列车火灾	34	旅客携带油漆发生火灾	广州开往西安的 272 次旅客列车,运行在京广线马田墟车站时,由于旅客携带油漆发生火灾,造成旅客 34 人死亡、30 人受伤,客车大破 2 辆
1988-01-17	列车相撞	19	制动失灵冒进信号	三棵树开往吉林的 438 次旅客列车,运行至拉滨线背荫河车站时因列车制动失灵冒进信号,与进站的 1615 次货车发生正面冲突,造成旅客和路内职工 19 人死亡、重伤 25 人、轻伤 51 人
1987-04-22	列车爆炸	12	犯罪旅客实施爆炸	双鸭山开往齐齐哈尔的 98 次特快列车,当运行到滨北线松花江大桥时,列车 14 号车厢发生犯罪旅客实施爆炸,造成 12 名旅客死亡、44 人受伤,客车报废 1 辆
1981-07-09	列车坠桥	130	列车遇断桥坠河	1981 年夏四川特大暴雨,成昆铁路上大渡河两孔桥梁连同桥墩一道被折断。深夜,一辆列车在接近隧道洞口 20 m,离断桥 70 m 时,司机突然发现险情,拉下了关键死闸和汽笛,随后随机车一起滑坠到断桥下面泥石流里牺牲;第二台机车、行李邮政车、11 号硬座车厢也相继坠入河中;后面的 10 号和 9 号车厢翻落在桥下的护坡上;8 号车厢在隧道内出轨;7 号至 1 号车厢安然停下。事故造成 130 人死亡,这是中国铁路史上空前惨烈的事故

续表3-4

时间 （年-月-日）	事件	死亡人数（人）	原因	事故情况
1980-01-22	列车火灾	22死4伤	旅客带发令纸燃烧起火	长沙开往广州的403次列车，到达京广线株洲车站时，因为旅客携带发令纸燃烧起火，造成旅客22人死亡、4人受伤；客车大破1辆、小破1辆

3.3.3.2 重特大民航交通事故

从100多年前，莱特兄弟驾驶飞机飞上蓝天，人们就一直在追求飞行的安全性，民航业发展的100年，也是人类追求飞行安全的100年。飞机被认为是最安全的出行方式，空难死亡概率不及闪电，但一旦发生空难，往往造成较大的伤亡。2000年以来，民航飞行共发生4起重特大事故（见表3-5），造成262人死亡。重特大民航飞行事故原因可分为自然原因、人为原因、机械故障。具体来看主要有天气恶劣（大雾、雨、雪、霜、大风等），乘客纵火，机组违章飞行，地勤人员错误指挥，引擎、液压、油箱失灵等。

表3-5 重特大民航飞行事故（2000年以来）

时间 （年-月-日）	死亡人数（人）	原因	事故情况
2000-06-22	51	天气恶劣、机组违章飞行、机长决策错误、塔台管制员违章指挥	武汉航空公司一架从湖北恩施至武汉的运七型客机，在武汉郊区坠毁，武汉空难客机坠地时将汉江南岸一泵船撞毁，飞机上的44名乘客和当时在船上作业的7人全部遇难
2002-05-07	112	乘客纵火造成的破坏	中国北方航空公司一架麦道82飞机在大连附近海域坠毁，飞机上103名乘客和9名机组人员全部罹难
2004-11-21	55	机翼污染使飞机失速	由内蒙古自治区包头市飞往上海市的MU5210次航班庞巴迪CRJ200，在起飞后不久坠入机场附近南海公园的湖里，包括47名乘客、6名机组人员在内的飞机上53人全部罹难，同时遇难的还有2名地面工作人员
2010-08-24	44	机长违反航空有关规定飞行	黑龙江伊春机场一架河南航空公司客机降落时失事，航班号VD8387，20时51分从哈尔滨太平机场起飞，乘客91人，机组5人。事故造成44人死亡，52人受伤

3.4 案例分析

沪昆高速湖南邵阳段"7·19"特别重大道路交通危化品爆燃事故调查报告[4]

2014年7月19日2时57分,湖南省邵阳市境内沪昆高速公路1 309 km 33 m处,一辆自东向西行驶运载乙醇的车牌号为湘A3ZT46的轻型货车,与前方停车排队等候的车牌号为闽BY2508的大型普通客车(简称大客车)发生追尾碰撞,轻型货车运载的乙醇瞬间大量泄漏起火燃烧,致使大客车、轻型货车等5辆车被烧毁,造成54人死亡,6人受伤(其中4人因伤势过重医治无效死亡),直接经济损失5 300余万元。

一、基本情况

(一)事故车辆情况

1. 湘A3ZT46轻型货车车辆情况

肇事车辆湘A3ZT46轻型货车厂牌型号为福田牌BJ5043V9CEA-C型,《道路机动车车辆产品及其生产企业公告》中车辆类型为篷式运输车。机动车整备质量2.72 t,最大设计总质量4.495 t;核定载货量1.58 t,实际装载乙醇6.52 t。机动车注册登记日期为2013年3月22日,登记时载明车辆类型为轻型仓栅式货车,检验有效期至2015年3月31日。2013年3月26日在长沙市芙蓉区交通运输局办理道路运输证,经营范围为普通货运,有效期至2014年4月10日,事故发生时已过期,未取得危险货物道路运输资格。

该车辆在购进时仅有货车二类底盘,未随车配备货厢,后在长沙市芙蓉区某加工厂加装了右侧有一扇侧开门的货厢,同时将后轴钢板弹簧厚度从11 mm增加到13 mm,在货厢前部设置有一个容积1.06 m³的夹层水槽,在货厢左侧下部前、后各安装一个方方形箱体并在箱体内加装了卸料泵和阀门,前方形箱体的阀门与夹层水槽连接;在货厢下部加装了与夹层水槽及方形箱体内的阀门连接的铁管,后方形箱体的阀门通过铁管与夹层水槽连通。为运输乙醇,车主定制了一个长、宽、高分别约为3.5 m、1.5 m、1.8 m的用聚丙烯板材焊接的方形罐体,用方钢框架将罐体加固置于货厢内。车辆前脸及货厢左右两侧、后部均喷涂有"洞庭渔业"的字样。

2. 闽BY2508大客车车辆情况

闽BY2508大客车厂牌型号为宇通牌ZK6127H型,核载53人,事故发生时实载56人(其中儿童3名、幼儿1名)。机动车登记所有人为福建莆田汽车运输股份有限公司城厢分公司,注册登记日期为2010年10月21日,检验有效期至2014年10月31日。2010年10月22日在福建省莆田市交通运输局办理道路运输证,有效期至2014年12月31日,经营范围为省际班车客运、省际(旅游)包车客运,经营线路为福建莆田涵江汽车总站至四川宜宾客运站,沿途无停靠站点。城厢分公司根据福建莆田汽车运输股份有限公司授权将该车及福建莆田至四川宜宾线路承包给余让雄,承包期限自2010年10月28日至2014年10月31日。

(二) 事故道路情况

事故发生路段位于湖南省邵阳市境内沪昆高速公路 1 309 km 33 m 处,东西走向,双向四车道,水泥混凝土路面,小客车限速 120 km/h,其他车辆限速 100 km/h。事故发生地点在由东向西车道,第一、第二行车道宽均为 3.7 m,应急车道宽 2.9 m,道路线形为左向转弯,弯道半径 2 000 m,超高值 2%,自东向西下坡坡度 0.5%。

事发地点 7 月 19 日凌晨 1 时至 4 时为晴天,能见度 20～10.5 km,温度 24.9～24.0 ℃,空气湿度 90%～95%。凌晨 3 时风速为 2.5 m/s,风向为东北风。

二、事故发生经过和应急处置情况

(一) 事故发生前路段状况

7 月 19 日 1 时 12 分(本次事故发生前 1 h 45 min),在沪昆高速公路 1 312 km + 450 m 处,一辆自西向东行驶的空油罐车冲过中央隔离护栏,与自东向西行驶的一辆大型客车和一辆小型客车发生剐碰并起火,造成 1 人死亡,双向交通中断,出现车辆排队。湖南省高速公路交警在自东往西方向距事故点 300 m 以外,实施临时交通管制,禁止车辆进入事故现场路段,并安排一辆警车在自东往西方向距离车流尾端 500 m 外向来车方向,随滞留车辆的延长,适时移动警车,通过闪警灯、鸣警笛、喊话方式示警。至本次事故发生时,自东向西方向车道内排队车辆约 400 辆,排队长度约 3.1 km。

(二) 事故发生经过

7 月 18 日 6 时 45 分,闽 BY2508 大客车载 1 名乘客从福建省长乐市营前镇出发(未按规定到莆田涵江汽车总站进行安全例检和办理报班手续),车辆未按核准路线行驶,行经沈海高速、厦蓉高速,沿途在福建、江西境内上下客 9 次。22 时 26 分,沿炎睦高速进入湖南省境内,此时车上共有乘客 54 人,后再无人员上下车。19 日 2 时 57 分,大客车到达沪昆高速公路 1 309 km + 33 m 处时,因前方临时交通管制停于第一车道排队等候。

7 月 18 日 17 时,湘 A3ZT46 轻型货车在位于湖南省长沙县的长沙新鸿胜化工原料有限公司土桥仓库充装 6.52 t 乙醇,运往武冈县湖南湛大泰康药业有限公司,行经长沙绕城高速公路、长潭西高速公路,22 时 45 分进入沪昆高速公路。

7 月 19 日 2 时 57 分,湘 A3ZT46 轻型货车沿沪昆高速公路由东向西行驶至 1 309 km 33 m 路段时,以 85 km/h 的速度与前方排队等候通行的闽 BY2508 大客车发生追尾碰撞,致轻型货车运载的乙醇瞬间大量泄漏燃烧,引燃轻型货车、大客车及前方快车道上排队的车牌号为粤 F08030 的小型越野车、右侧行车道上排队的车牌号为浙 A98206 的重型厢式货车和赣 E38950/赣 E4537 挂铰接列车,造成大客车 52 人死亡、4 人受伤,轻型货车 2 人死亡,重型厢式货车和小型越野车各 1 人受伤,5 辆车被烧毁以及公路设施受损。

(三) 应急处置情况

事故发生后,湖南省高速公路交警、邵阳市消防官兵迅速赶到事故现场进行处置。接报后,湖南省人民政府主要负责同志和有关负责同志赶赴现场,成立了事故救援处置工作组,指导救援和善后处置工作。湖南省、邵阳市、隆回县公安、消防、交通、安监、卫生等部门人员迅速赶赴现场全力开展应急处置工作。由国家安全监管总局、公安部、交通运输部有关负责同志组成的工作组,于事发当天赶到事故现场,指导协调地方政府做好事故处置和善后工作。

7月19日凌晨5时30分,现场大火被扑灭;7时30分,现场救援工作基本结束;上午8时,车辆借道对向车道恢复通行;7月20日凌晨5时,事故现场清理完毕,道路恢复正常通行。

接到事故报告后,福建省、四川省人民政府有关负责同志带领有关部门和相关地方政府负责同志赶赴现场,协助做好事故善后和赔付工作。福建省莆田市积极协调保险企业垫付赔偿费用,确保了赔偿金及时到位。湖南省、邵阳市、隆回县人民政府和卫生部门调集多名专家,全力救治受伤人员;邵阳市、隆回县人民政府及有关部门全力做好死伤人员家属的接待和安抚工作,及时与全部遇难者家属签订了赔偿协议,落实赔偿事宜。事故善后工作平稳有序。

(四)伤亡人员核查情况

事故发生后,在国务院事故调查组的督促指导下,湖南省公安厅组织开展遇难人数和身份核定工作,通过现场勘查、DNA比对、外围调查、遇难者亲属排查、技术侦查等方法反复核查比对,于7月26日确定在事故现场有54人遇难,并对遇难者身份全部予以确认。6名受伤人员中,有4人因伤势过重医治无效分别于7月26日、8月3日、8月11日、9月3日死亡。

三、事故原因和性质

(一)直接原因

这起事故是湘A3ZT46轻型货车追尾闽BY2508大客车,致使轻型货车所运载乙醇泄漏燃烧所致。

车辆追尾碰撞的原因:严重超载的轻型货车司机,未按操作规范安全驾驶,忽视交警的现场示警,未注意观察和及时发现停在前方排队等候的大客车,未采取制动措施,致使轻型货车以85 km/h的速度撞上大客车,其违法行为是导致车辆追尾碰撞的主要原因。

大客车司机未按交通标志指示在规定车道通行,遇前方车辆停车排队等候时,作为本车道最末车辆未按规定开启危险报警闪光灯,其违法行为是导致车辆追尾碰撞的次要原因。

起火燃烧和造成大量人员伤亡的原因:轻型货车高速撞上前方停车排队等候的大客车尾部,车厢内装载乙醇的聚丙烯材质罐体受到剧烈冲击,导致焊缝大面积开裂,乙醇瞬间大量泄漏并迅速向大客车底部和周边弥漫,轻型货车车头右前部由于碰撞变形造成电线短路产生火花,引燃泄漏的乙醇,火焰迅速沿地面向大客车底部和周围蔓延将大客车包围。经调查和现场勘验,事故路段由东向西下坡坡度0.5%,事发时段风速2.5 m/s,风向为东北风,经专家计算,火焰从轻型货车车头处蔓延至大客车车头,将大客车包围所需时间不足7 s,最终仅有6人从大客车内逃出,其中2人下车后被大火烧死,4人被严重烧伤(烧伤面积均在90%以上),轻型货车上2人死亡,小型越野车和重型厢式货车各1人受伤。

(二)间接原因

(1)长沙大承化工有限公司、长沙市新鸿胜化工原料有限公司违法运输和充装乙醇。

长沙大承化工有限公司违反《危险化学品安全管理条例》规定,从 2013 年 3 月以来一直使用非法改装的无危险货物道路运输许可证的肇事轻型货车运输乙醇。长沙市新鸿胜化工原料有限公司违反《危险化学品安全管理条例》规定,安全管理制度不落实,未查验承运危险货物的车辆及驾驶员和押运员的资质,多次为肇事轻型货车充装乙醇。

(2)莆田汽车运输股份有限公司安全生产主体责任落实不到位。

莆田汽车运输股份有限公司对承包经营车辆管理不严格,对事故大客车在实际运营中存在的站外发车、不按规定路线行驶、凌晨 2 时至 5 时未停车休息等多种违规行为未能及时发现和制止。开展道路运输车辆动态监控工作不到位,未能运用车辆动态监控系统对车辆进行有效管理。

(3)长沙市胜风汽车销售有限公司和北汽福田汽车股份有限公司诸城奥铃汽车厂违规出售汽车二类底盘和出具车辆合格证。

长沙市胜风汽车销售有限公司不具备二类底盘销售资格,超范围经营出售车辆二类底盘,并违规提供整车合格证。北汽福田汽车股份有限公司诸城奥铃汽车厂向经销商提供货车二类底盘后,在对整车状态未确认的情况下违规出具整车合格证。

(4)长沙市芙蓉区安顺货柜加工厂、振兴塑料厂非法从事车辆改装和罐体加装。

长沙市芙蓉区安顺货柜加工厂无汽车改装资质,违规为本事故中肇事的轻型货车进行了加装货厢、更换钢板弹簧等改装。长沙市芙蓉区振兴塑料厂在明知车主有意使用塑料罐体运输乙醇的情况下,为轻型货车制作和加装了聚丙烯材质的方形罐体。

(5)长沙市翔龙城西机动车辆检测有限公司和湖南长沙汽车检测站有限公司对机动车安全技术性能检验工作不规范、管理不严格。

长沙市翔龙城西机动车辆检测有限公司对肇事轻型货车进行机动车注册登记前的安全技术性能检验中,外观查验员无检验资格;未保存"机动车安全技术检验记录单(人工检验部分)";检验报告中底盘动态检验、车辆底盘检查无检验员签字、无送检人签字;检验报告中车辆的转向轴悬架形式标为"独立悬架",与车辆实际特征不符。湖南长沙汽车检测站有限公司为肇事的轻型货车进行机动车年度检验前的安全技术性能检验中,未发现和督促纠正整车质量 5.873 t 大于最大设计总质量 4.495 t 的问题;检验报告上的批准人不具有授权签字人资格且无"送检人签字"。

(6)湖南省交通运输部门履行道路货物运输安全监管职责不得力,福建省莆田市交通运输部门履行道路客运企业安全监管职责不到位。

①湖南省、长沙市和长沙市芙蓉区交通运输部门对道路货物运输安全日常监管、打击无资质车辆非法运输危险化学品工作不得力。

长沙市芙蓉区交通运输局对肇事轻型货车普通道路货物运输证年审把关不严,违反规定为该车办理了年审手续;对普通道路货物运输安全监管不得力,对无资质车辆运输危险化学品行为打击不力。

长沙市货物运输管理局对芙蓉区交通运输局指导不力,对长沙新鸿胜化工原料有限公司长期容许无资质车辆运输危险化学品监管不力,对无资质运输危险化学品车辆违法行为监管不严。

长沙市交通运输局对长沙市货物运输管理局和芙蓉区交通运输局履行危险货物运输

安全监管职责督促检查不到位,组织开展道路货运"打非治违"工作不力。

湖南省交通运输厅及道路运输管理局贯彻落实相关道路运输安全法律法规不到位,对交通运输部门开展道路货物运输"打非治违"工作督促检查不到位。

②福建省莆田市、莆田市城厢区交通运输部门对道路客运企业安全监管不到位。

莆田市城厢区运输管理所督促事故企业落实客运安全管理主体责任不到位,对企业长途营运车辆动态监控工作监督检查不力,督促企业落实凌晨2时至5时停车休息制度不力,未及时发现和查处事故企业的客车站外发车、不按规定路线行驶等违规行为。

莆田市城厢区交通运输局对城厢区运输管理所履行客运安全监管工作督促指导不力,对长途营运车辆动态监控监督检查不到位。

莆田市运输管理处对事故企业客运安全监督检查不到位,督促指导城厢区交通运输局及运输管理所开展安全监督检查和隐患排查治理不力。

莆田市交通运输局对莆田市运输管理处和城厢区交通运输局履行客运行业安全监管职责督促指导不到位,对基层运管部门工作人员培训指导不够。

(7)湖南省公安交警部门履行事故处置、路面执法管控、机动车检验审核等职责不力。

①湖南省高速交警部门进行事故处置、查处长途客车凌晨2时至5时违规运行不得力。

湖南省交警总队高速公路管理支队邵怀大队隆回中队对前一起交通事故实施临时交通管制措施后,车辆尾端示警工作不力,未按规定采取车辆分流措施。

湖南省交警总队高速公路管理支队邵怀大队对前一起道路交通事故处置工作指挥不力。

湖南省交警总队高速公路管理支队对处置前一起道路交通事故的工作指导不力,对长途客车违反凌晨2时至5时落地休息规定的行为查处管控不到位。

②长沙市交警部门开展机动车检验审核和路面执法管控工作不得力。

长沙市交警支队车管所五中队(城西分所)开展机动车检验审核工作不严格,未发现和纠正机动车检测站工作人员不具备资质问题,对肇事轻型货车进行查验的民警资格证已经到期;违规由检测站工作人员代替查验民警填写《机动车查验记录表》意见和签注"合格"。

长沙市交警支队车管所远程监管中心对机动车年检监督不得力,未能发现和督促纠正肇事轻型货车整车质量与行驶证载明整备质量存在明显差异、检验报告批准人不具备授权签字人资格、车辆私自改装等问题,对检验报告单审核把关不严。

长沙市交警支队车管所落实上级要求不严格,对城西分所、远程监管中心等下属单位工作督促指导不力,未及时发现和解决下属单位工作中存在的问题。

长沙市交警支队开福区大队打击货车违法运输行为不力,未能发现并查处肇事轻型货车超载运输危险化学品的违法行为。

长沙市交警支队车辆管理监督管理职责落实不得力,对下属单位在办理注册登记、查验工作中存在的问题检查指导不力;打击货车严重交通违法行为的工作开展不力,路面执法管控存在薄弱环节。

③湖南省交警总队贯彻落实国家关于道路交通安全相关法律法规不到位,对高速支队道路交通事故处置指导不力,对长沙市公安交警部门车辆管理、打击货车违规行为等工作监督检查不到位。

(8)湖南省安全监管部门履行危险化学品经营企业安全监管职责不到位。

长沙市芙蓉区安全监管局对长沙大承化工有限公司进行行政许可延期(换证)申请现场核查把关不严,未发现企业主要负责人及专职安全员的危险化学品经营安全生产管理人员资格证书过期问题;对企业危险化学品经营活动监管不到位。

长沙县安全监管局未及时纠正长沙市新鸿胜化工原料有限公司危险物品管理台账中未按要求填写危险化学品运输车辆车号、运输资质证号等基本信息问题,对公司未按规定查验承运危险货物单位资质、提货车辆证件、运输车辆驾驶员和押运员资质等情况监督检查不得力。

长沙市安全监管局对芙蓉区、长沙县安全监管局开展危险化学品经营企业日常监管工作督促指导不力。

湖南省安全监管局贯彻落实国家关于危险化学品经营安全相关法律法规不到位,对长沙市安全监管部门履职督促检查不到位。

(9)湖南省质监部门履行机动车检测企业行政许可、日常监管职责不到位,山东省潍坊市质监部门对车辆生产环节质量把关不严。

长沙市质量技术监督局对长沙市翔龙城西机动车辆检测有限公司、湖南长沙汽车检测站有限公司监督检查不力,未有效督促企业对监督检查中发现的问题整改到位。

湖南省质量技术监督局贯彻落实国家关于机动车检测机构监督管理相关法律法规不到位,对经营许可申请审查把关不严,对长沙市质量技术监督局的机动车检验机构监管工作督促指导不到位。

山东省诸城市质量技术监督局执行法律法规不到位,对国家关于汽车产品质量管理的法律法规理解认识存在偏差,对辖区内汽车生产企业产品质量管理监督检查不到位。

潍坊市质量技术监督局对诸城市质量技术监督局督促指导不到位。

(10)长沙市工商部门对企业超范围经营等问题监管不严。

长沙县工商行政管理局湘龙工商所未及时查处中南汽车世界违规销售货车二类底盘的问题。长沙县工商行政管理局对长沙市胜风汽车销售有限公司超范围经营货车二类底盘问题监管不得力,对湘龙工商所督促指导不力。

长沙市芙蓉区工商行政管理局马坡岭工商所未对安顺货柜加工厂超许可范围经营进行查处。芙蓉区工商行政管理局东湖工商所未及时发现并查处辖区内无照经营的振兴塑料厂。芙蓉区工商行政管理局对马坡岭、东湖工商所监管不到位。

(11)有关地方组织开展安全生产工作不到位。

长沙市芙蓉区委对本级人民政府及相关部门落实安全生产监管责任督促指导不力。长沙市芙蓉区人民政府组织开展安全生产"打非治违"和督促有关部门落实监管责任工作不得力。

长沙县委对本级人民政府及相关部门落实安全生产监管责任督促指导不力。长沙县人民政府组织开展危险化学品经营"打非治违"和督促有关部门加强危险化学品经营管理工作不得力。

长沙市人民政府组织开展安全生产"打非治违"工作不力,未有效督促有关部门落实"管行业必须管安全、管业务必须管安全、管生产经营必须管安全"的总体要求。

莆田市城厢区人民政府贯彻落实国家道路客运安全相关法律法规不到位,对有关部门道路客运安全监管督促指导不力。

(三)事故性质

经调查认定,沪昆高速湖南邵阳段"7·19"特别重大道路交通危化品爆燃事故是一起生产安全责任事故。

四、对事故有关责任人员及责任单位的处理情况

(1)因在事故中死亡免予追究责任人员4人。

(2)司法机关已采取措施人员35人。

(3)建议给予党纪、政纪处分人员72人。

(4)行政处罚及问责建议。

①依据《安全生产法》和《生产安全事故报告和调查处理条例》等有关法律法规的规定,责成湖南省安全监管局、福建省安全监管局分别对长沙大承化工有限公司、福建莆田汽车运输股份有限公司及其主要负责人处以规定上限的罚款。

②建议湖南省、山东省人民政府责成有关部门按照相关法律法规规定,对事故中所涉及的长沙市新鸿胜化工原料有限公司、长沙市胜风汽车销售有限公司、长沙市芙蓉区安顺货柜加工厂、长沙市芙蓉区振兴塑料厂、长沙市翔龙城西机动车辆检测有限公司、湖南长沙汽车检测站有限公司、北汽福田汽车股份有限公司诸城奥铃汽车厂等企业及相关人员的违法违规行为做出行政处罚。

③建议责成湖南省人民政府向国务院做出深刻检查,认真总结和吸取经验教训,进一步加强和改进安全生产工作。

五、事故防范和整改措施

(1)进一步强化安全生产红线意识。

(2)加大道路危险货物运输"打非治违"工作力度。

(3)进一步加大道路客运安全监管力度。

(4)加强对车辆改装拼装和加装罐体行为的监管。

(5)加大危险化学品安全生产综合治理力度。

(6)进一步加强道路交通和危险货物运输应急管理。

参考文献

[1] 公安部交通管理局. 2016年全国机动车和驾驶人概况[EB/OL]. [2017-01-10]. http://www.mps.gov.cn/n2255040/n4908728/c5595634/content.html.

[2] 方守恩. 对我国当前交通安全形势的思考与建议——上海同济大学校党委副书记方守恩谈事故预

防[J]. 道路交通管理,2012(4):36-39.
[3] 国家统计局. 中国统计年鉴[EB/OL]. [2016-11-02]. http://www.stats.gov.cn/tjsj/ndsj/.
[4] 国务院事故调查组. 沪昆高速湖南邵阳段"7·19"特别重大道路交通危化品爆燃事故调查报告[EB/OL]. [2014-11-30]. http://www.chinasafety.gov.cn/newpage/Contents/Channel_21679/2014/1130/243618/content_243618.htm.

第4章 火灾事故特征

4.1 火灾事故安全生产形势

中华人民共和国成立以来,我国火灾事故起数总体上呈不断增加趋势,且存在阶段性事故高峰。第一次阶段火灾事故高峰发生在"大跃进"时期,1959～1963年,每年发生的火灾事故约为10万起,其中1959年发生火灾114 880起,远高于1958年的73 315起。第二次火灾事故高峰发生在"文化大革命"时期,"文化大革命"中后期,火灾事故起数保持在8万起左右,远高于改革开放初期的3、4万起。第三次火灾事故高峰发生在20世纪90年代末至21世纪初,1996年发生火灾事故36 856起,而1997年发生火灾事故140 280起,为1996年的3.81倍,增幅惊人;至2002年,火灾事故起数达到阶段峰值,为258 315起。第四次火灾事故高峰从2013年至今,从图4-1可以看出,自2012年火灾事故起数开始增加,尤其是2013年,增加幅度非常明显;2012年全国共接报火灾15.2万起;2013年全国共统计火灾事故38.9万起,为2012年的2.56倍;2014年更是达到395 052起,火灾事故起数为历年来最多。

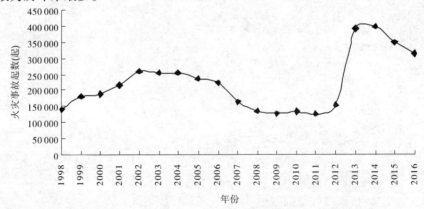

图4-1 历年火灾事故起数

中华人民共和国成立以来,我国火灾死亡人数总体呈下降趋势,但死亡人数在事故高峰期存在阶段上升现象。第一次事故高峰期间,1959年火灾事故死亡人数达到10 131人,1960年火灾事故死亡人数10 843人,而1958年死亡人数5 310人,1957年火灾事故死亡人数为2 929人,远低于高峰期的死亡人数。"文化大革命"期间的第二次事故高峰死亡人数同样居较高水平,1966年火灾事故死亡5 386人,"文化大革命"中后期,火灾事故死亡人数维持在四五千人。在20世纪90年代中后期至21世纪初,火灾事故死亡人数维持在2 500～3 000人;1996年,火灾事故死亡人数为2 225人,1997年死亡人数增加到2 722人,2000年死亡人数甚至达到3 021人,为第三次事故高峰峰值,而2006～2012年,火灾事故死亡人数都在2 000人以下。2013年至今的第四次事故高峰,表现为事故起数远高于以往任何时候,死亡人数也有所增加;2012年火灾事故死亡人数为1 028人,2013年火灾事故死亡人数为2 113人,为2012年2.06倍,即使最近几年死亡人数有所减少,但依然高于2006~2012年的水平。

对比火灾事故起数和火灾事故死亡人数(见图4-1、图4-2),虽然火灾事故起数呈增加趋势,但火灾事故死亡人数没有随事故起数增加,相对来说呈下降趋势,主要原因有以下几个方面:一是消防设施不断完善,遇到小型和初期火灾能有效应对,同时消防通道要求和管理严厉,火灾发生时可及时逃生;二是消防部门积极应对,装备和效率提高,能及时到达火灾现场,防范更大的人员和财产损失;三是随着消防安全教育的普及,居民消防安全意识不断增强,民众自救成功率不断提高。

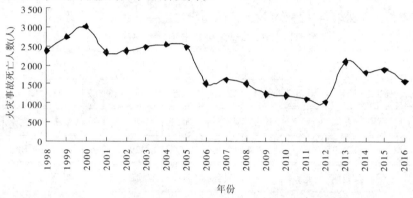

图4-2 历年火灾事故死亡人数

2016年,全国共接报火灾31.2万起,死亡1 582人,受伤1 065人,直接财产损失37.2亿元,与2015年相比,四项数字均有所下降。其中,较大火灾64起,同比减少4起,下降5.9%;未发生重大和特别重大火灾,新中国成立以来首次全年未发生一次死亡10人以上的火灾[1]。

火灾事故主要特点有:

(1)中西部和东北地区火灾有上升趋势,东部所占比重较大。

(2)群死群伤事故多发,死亡人数占比较大;公众聚集场所火灾比较严重,如重特大火灾多发生在娱乐场所、商场、宾馆酒店、批发市场、家庭作坊、仓库、医院、售楼处等。

(3)个体户、私营企业等小型经营场所火灾占比较大。

(4)劳动密集型生产企业更容易发生重特大火灾事故。

(5)城乡居民住宅火灾呈多发趋势,易造成重特大火灾事故。

(6)纵火事件时常发生。

(7)在时间上有一定的规律性,冬春季火灾多,夜晚火灾死亡人数比例高。

(8)电气火灾是最常发生的火灾,尤其是重特大火灾事故,占比高达约60%。

4.2 火灾事故特征

2014年,全国共接报火灾39.5万起,死亡1 815人,受伤1 513人,直接财产损失47亿元,与2013年相比,起数上升1.6%,死亡人数下降14.1%,受伤人数下降7.6%,损失下降3%,全年未发生特别重大火灾事故[2]。

从地域上(见表4-1)看,浙江2014年发生火灾最多,为39 821起,其次为江苏和辽宁,火灾事故都超过3万起;2万起以上的省份有浙江、江苏、辽宁、山东、河南、广东6省,占全国火灾事故总数的44.96%;除了河南为中部省份外,其余5省均为沿海省份,经济较为发达。中部6省共发生火灾79 954起,比2013年上升18.5%,火灾上涨势头明显,这与中部省份近年来经济快速发展、经营活动增加有关。

表4-1 2014年全国火灾事故起数(分区域)　　　　　　　　　　(单位:起)

省(区、市)	浙江	江苏	辽宁	山东	河南	广东	四川	黑龙江	湖南	新疆	吉林
起数	39 821	32 418	30 293	29 510	23 323	22 251	18 967	18 882	18 237	13 496	13 237
省(区、市)	陕西	安徽	河北	福建	内蒙古	湖北	江西	山西	重庆	甘肃	上海
起数	13 133	12 235	11 833	11 424	11 406	10 446	8 329	7 384	6 378	6 028	5 846
省(区、市)	广西	云南	北京	宁夏	贵州	天津	青海	海南	西藏		
起数	5 310	5 235	4 477	4 227	4 221	3 600	1 581	1 419	105		

从死亡人数(见表4-2)看,江苏火灾事故死亡人数最多,为205人,也是唯一超过200人的省份;死亡人数100人以上的有江苏、广东和浙江3个省份,都为经济较为发达的沿海省份;死亡人数80人以上的有江苏、广东、浙江、四川、河南和云南6个省,以上9省死亡人数占总死亡人数的41.6%。

表4-2 2014年全国火灾事故死亡人数(分区域)　　　　　　　　(单位:人)

省(区、市)	江苏	广东	浙江	四川	河南	云南	辽宁	湖南	广西	山东	上海
死亡人数	205	147	141	97	84	81	74	72	72	62	59
省(区、市)	贵州	内蒙古	新疆	重庆	北京	黑龙江	河北	福建	江西	天津	湖北
死亡人数	59	57	56	51	51	50	50	48	47	46	40
省(区、市)	陕西	山西	安徽	吉林	宁夏	海南	甘肃	西藏	青海		
死亡人数	39	35	35	21	11	10	9	5	1		

从每月火灾情况(见图4-3)看,1月为全年火灾最多的一个月,共67 668起,从1月到9月呈逐月下降趋势;9月为全年火灾最少的一个月,共19 653起,事故起数为1月的29%;10~12月火灾事故起数上升,12月达到32 296起。从分阶段统计数据看,冬春季

节(1~5月和12月)共发生火灾 250 245 起,占全年事故起数的 63.3%,平均每天 1 374 起;夏秋季节(6~11月)共发生火灾 14.5 万起,平均每天 791 起,冬春季节的火灾发生率远远大于夏秋季节。1 月发生火灾事故明显多于其他月份,主要原因在于冬季天干物燥和春节假期的双因素叠加,春节期间因玩火发生火灾 6 339 起,其中因燃放烟花爆竹发生火灾 5 721 起,而这仅仅是七天法定节假日的数据,算上春节前后的整个寒假,1 月和 2 月的火灾事故高发就不难理解了。

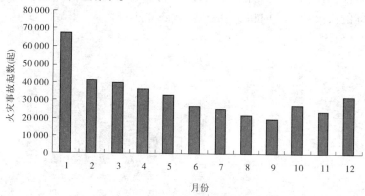

图 4-3　2014 年火灾事故发生时间(按月份)

从分时段火灾情况(见图 4-4)看,白天火灾较多,夜间火灾较少,尤其是下午,处于全天火灾的高发期。从 04:00~06:00 至 14:00~16:00,火灾事故逐渐增多,从 04:00~06:00 的最少 13 679 起至 14:00~16:00 的最多 49 881 起;夜间火灾事故较少,04:00~06:00 火灾事故最少。夜间的火灾发生概率虽然低于白天,但死亡人数比例较高,晚上(18:00 至次日 06:00)发生火灾 166 055 起,占全天火灾事故的 42%,造成 1 115 人死亡,死亡人数占全天的 61.4%。夜间尤其是凌晨更容易发生群死群伤火灾事故,重特大火灾事故比例较高。

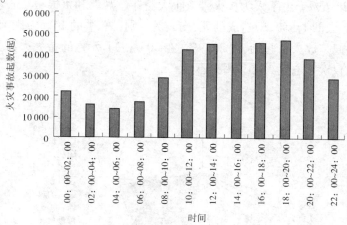

图 4-4　2014 年火灾事故发生时间(按时段)

从分时段死亡人数(见图 4-5)看,02:00~04:00 火灾事故死亡人数最多,为 247 人;其次是 00:00~02:00 和 22:00~24:00,死亡人数分别为 226 人和 199 人;死亡人数最少的时间段为 16:00~18:00,为 93 人,占全天火灾死亡总人数的 5.1%,而 16:00~18:00 发生火灾 45 761 起,占全天火灾事故总数的 11.6%,说明白天虽然火灾事故较多,但死亡人数比例相对较小。晚上火灾事故少但死亡人数多的原因主要为:夜晚人的身体警觉度和火灾警惕性下降,在夜间尤其是深度睡眠期间对于火灾突发的预警能力下降,而火灾的发展过程分为初起、发展、猛烈、下降和熄灭 5 个阶段,初起火灾为人们的主要灭火和逃生阶段,而这个阶段往往只有数分钟的时间,沉睡的人们发现火灾时往往到了发展和猛烈阶段,丧失了最佳的灭火和逃生时机,造成夜间火灾"小火亡人"事故的发生。

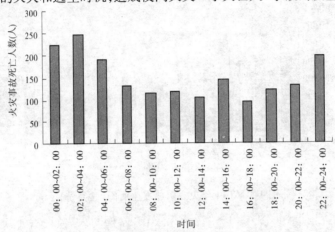

图 4-5 2014 年火灾事故死亡人数(按时段)

从引发火灾的直接原因(见图 4-6)看,电气火灾是火灾事故发生的主要原因,发生 108 292 起,排在第一位,电气火灾占火灾事故总数的 27.4%,远高于其他原因火灾事故;因生活用火不慎引发的火灾 71 318 起,占 18.1%,居第二位;吸烟占 6%;玩火占 4.2%;生产作业占 3%;自燃占 2.7%;人为放火占 1.9%;雷击、静电占 0.1%;原因不明占 7.1%;其他占 29.6%。由于人为放火带有很大犯罪主观性和仇恨报复心理,放火引发的火灾虽然只占总数的 1.9%,但造成的死、伤人员分别占总数的 14.5% 和 15.2%;67 起较大火灾中有 16 起是放火引起的,占 23.9%;在 30 人以上死亡的特大火灾事故中,人为放火排在第三位,仅次于电气火灾和用火不慎。

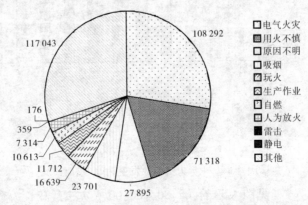

图 4-6 2014 年全国火灾事故分类(按起火原因) (单位:起)

4.3 重特大火灾事故特征

根据生产经营性火灾发生地点进行分类,分为生产企业、居住场所、娱乐场所、商场、宾馆酒店、批发市场、家庭作坊、仓库、医院、售楼处,以上场所均是人员密集场所,火灾发生后容易造成重大人员伤亡。从图4-7可以看出,生产企业、居住场所、娱乐场所、商场火灾事故起数较多,以生产企业的10起为最多,其次是居住场所9起,另外娱乐场所、商场、宾馆酒店、餐饮企业、批发市场、家庭作坊和仓库也是容易发生重特大火灾事故的地点。在10起生产企业当中,以劳动密集型行业为主,多为服装厂、食品厂、鞋厂等;居住场所往往由于晚上处于睡眠状态,难以及时发现火灾,待发现火灾后丧失最佳逃生时机;娱乐场所、商场、宾馆酒店、餐饮企业、批发市场、家庭作坊等地方也往往是人员密集的地点,一旦发生火灾,由于人员较多,易发生群死群伤事故。根据1979~2014年统计的特大火灾事故(见图4-8)看,生产企业、娱乐场所和道路排在前三位。

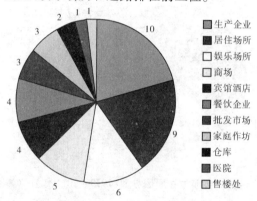

图4-7 重特大火灾事故按地点分类(2005~2015年) (单位:起)

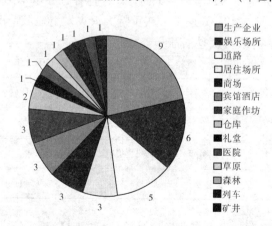

图4-8 特大火灾事故按地点分类[3](1979~2014年) (单位:起)

从火灾发生的原因进行分类,如图4-9所示,电气火灾29起,占重特大火灾事故的比例为60.4%,远远高于其他类型火灾;其次为用火不慎,为4起,玩火和人为放火分别发生3起,另外气体爆燃、液体爆燃、违章操作、粉尘爆炸也是重特大火灾发生的诱因。根据1979～2014年统计的特大火灾事故看(见图4-10),电气火灾、违章操作和人为放火排在前3位。

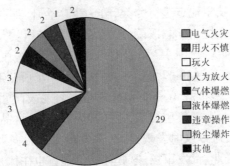

图4-9 重特大火灾事故按原因类型(2005～2015年) (单位:起)

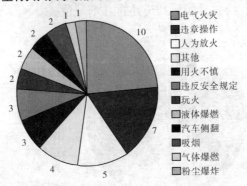

图4-10 特大火灾事故按原因类型(1979～2014年) (单位:起)

2005～2015年,重特大火灾事故共48起,死亡874人,其中特大事故6起,死亡320人。伤亡最大的火灾事故为:2013年6月3日吉林省长春市德惠市的吉林宝源丰禽业有限公司火灾事故,共造成121人遇难。从重特大火灾发生地域情况(见表4-3)看,广东以12起火灾事故遥遥领先,其次是浙江和吉林的5起。

表4-3 重特大火灾地域分布(2005～2015年)　　　　　　　　(单位:起)

省(区、市)	广东	浙江	吉林	河南	辽宁	云南	山东	北京	湖北	上海
起数	12	5	5	4	3	2	2	2	2	2
省(区、市)	安徽	山西	陕西	天津	湖南	新疆	内蒙古	河北	江西	
起数	1	1	1	1	1	1	1	1	1	

从重特大生产经营性火灾事故发生月份(见图4-11)看,5月、11月、12月事故较多,以12月的7起为最多,5月和11月均发生6起。从季节看,冬季天干物燥,易发生火灾。从每天的具体时间(见图4-12)看,下午和凌晨更容易发生重特大火灾事故,共发生重特大火灾事故33起,占火灾事故总起数的68.8%;凌晨(00:00～06:00)发生的重特大火灾

事故最多,为19起,占总数的39.6%;下午(12:00~18:00),发生为14起,占总数的29.2%;上午(06:00~12:00)和晚上(18:00~24:00)发生的重特大火灾事故相对较少,分别为7起和8起。

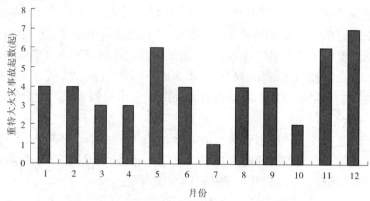

图4-11　重特大火灾事故发生月份(2005~2015年)

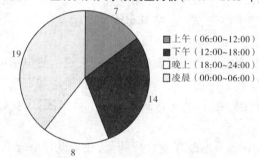

图4-12　重特大火灾事故发生时间(按时段)(2005~2015年)　(单位:起)

4.4　案例分析

吉林省长春市"6·3"特别重大火灾爆炸事故调查报告[4]

2013年6月3日6时10分许,位于吉林省长春市德惠市的吉林宝源丰禽业有限公司(简称宝源丰公司)主厂房发生特别重大火灾爆炸事故,共造成121人死亡、76人受伤,17 234 m² 主厂房及主厂房内生产设备被损毁,直接经济损失1.82亿元。

一、基本情况

(一)事故单位情况

1. 企业概况

宝源丰公司为个人独资企业,位于德惠市米沙子镇,成立于2008年5月9日,法定代表人贾玉山。该公司资产总额6 227万元,经营范围为肉鸡屠宰、分割、速冻、加工及销售,有员工430人,年生产肉鸡36 000 t,年均销售收入约3亿元。该企业于2009年10月1日取得德惠市肉品管理委员会办公室核发的畜禽屠宰加工许可证。2012年9月18日取得德惠市畜牧业管理局核发的动物防疫条件合格证。

2. 主厂房情况

主厂房火灾危险性物质类别为丁戊类,建筑耐火等级为二级,主厂房为一个防火分区,符合《建筑设计防火规范》(GB 50016—2014)的相关规定。

主厂房主通道东西两侧各设一个安全出口,冷库北侧设置5个安全出口直通室外,附属区南侧外墙设置4个安全出口直通室外,二车间西侧外墙设置一个安全出口直通室外。安全出口设置符合《建筑设计防火规范》(GB 50016—2014)的相关规定。事故发生时,南部主通道西侧安全出口和二车间西侧直通室外的安全出口被锁闭,其余安全出口处于正常状态。

主厂房设有室内外消防供水管网和消火栓,主厂房内设有事故应急照明灯、安全出口指示标志和灭火器。企业设有消防泵房和1 500 m^3 消防水池,并设有消防备用电源,符合《建筑设计防火规范》(GB 50016—2014)的相关规定。

厂房内的配电情况:冷库、速冻车间的电气线路由主厂房北部主通道东侧上方引入,架空敷设,分别引入冷库配电柜和速冻车间配电柜。主厂房电器线路安装敷设不规范,电缆明敷,二车间存在未使用桥架、槽盒、穿管布线的问题。

3. 氨制冷系统情况

制冷系统基本情况:事故企业使用氨制冷系统,系统主要包括主厂房外东北部的制冷机房内的制冷设备、布置在主厂房内的冷却设备、液氨输送和氨气回收管线。事故企业共先后购买液氨45 t。事故发生后,共从氨制冷系统中导出液氨30 t,据此估算事故中液氨泄漏的最大可能量为15 t。

制冷系统的设备及管线系事故企业自行购买,在未进行系统工程设计的情况下,由大连雪山冷冻设备制造有限公司出借资质完成安装施工。安装完成后,相关人员擅自加盖大连市化工设计院的出图章。

4. 劳动用工情况

宝源丰公司与120名工人签订了劳动用工合同,并在当地劳动管理部门备案,其余工人没有签订劳动合同。工人养老保险金(社会统筹)上缴不足,部分工人拒绝上缴个人承担的资金。

5. 特种设备管理及作业人员资质情况

宝源丰公司非法取得了特种设备使用登记证,未按规定建立特种设备安全技术档案,未按要求每月定期自查并记录,未在安全检验合格有效期届满前1个月向特种设备检验检测机构提出定期检验要求,未开展特种设备安全教育和培训。公司有8名特种作业人员(其中制冷工4名、电工2名、锅炉工2名)。从赵长江谈话记录及长春市质量技术监督部门调取的赵长江资质证书考试申请材料看,赵长江的申报表无本人签字、申报事项不实、考卷不是本人所答,其所持资格证书属作假取得。

(二)项目立项、建设及竣工验收等情况

宝源丰公司项目的立项、审批、建设和竣工验收等基本过程是:2007年11月,德惠市发展和改革局批复同意宝源丰公司项目立项。12月,德惠市环保局做环评批复。2008年3月,米沙子镇人民政府审核同意了宝源丰公司的建设项目选址申请。此后,宝源丰公司通过挂牌方式先后取得五宗地块。2008年3月,德惠市建设工程勘察设计有限公司(丙级资质)提交了宝源丰公司车间的岩土工程勘察(详勘)报告。4月,长春市建设工程施工图审查中心出具了宝源丰公司厂房设计文件审查意见书。5月,宝源丰公司先后与长春建工集团有限公司签订建设工程施工合同(约定的工程内容为土建、钢结构等,开工日期为2008年5月3日,竣工日期为2008年10月30日,合同价款837万元),与铁岭瑞诚建设工程监理有限责任公司签订建设工程委托监理合同(约定此合同自2008年5月16日开始实施,至2009年7月16日完成)。5月,德惠市建设工程质量监督站出具建设工程质量监督书,在"吉林宝源丰禽业有限公司办公楼、宿舍楼工程项目组织机构"栏目中,项目经理为贾铁金,落款为长春建工集团有限公司。2009年11月,建设、监理、勘察、设计、施工单位出具了宝源丰公司项目工程竣工验收报告。12月,德惠市公安消防大队出具了建筑工程消防验收意见书,意见为"综合评定该工程消防验收合格";德惠市环保局出具了环保验收报告;德惠市住建局出具了建设工程竣工备案证,对宝源丰公司工程竣工备案;德惠市米沙子镇人民政府颁发了厂房、冷库的房屋所有权证。

(三)相关单位情况

宝源丰公司的建筑设计单位为辽宁沈阳纺织工业非织造布技术开发中心(建筑工程设计甲级资质,后改制为辽宁天维纺织研究建筑设计集团有限公司)。施工单位为长春建工集团有限公司(房屋建筑工程施工总承包特级资质,简称长春建工集团),监理单位为铁岭瑞诚建设工程监理有限责任公司(房屋建筑工程监理丙级资质,简称瑞诚监理公司)。经调查,上述设计、施工、监理单位均为挂靠借用资质违法办理工程建设手续的单位。但实际情况是:

1. 设计方情况

宝源丰公司项目设计方是辽宁大河重钢工程有限公司总经理贾铁金安排其公司内部无设计资质人员设计,然后挂靠辽宁沈阳纺织工业非织造布技术开发中心履行相关建设手续。挂名的设计单位未派人参加设计验收等工作,也未收取设计费。

2. 施工方情况

宝源丰公司项目施工方是经贾铁金介绍长春建工集团职工刘升同贾玉山认识,然后由宝源丰公司与长春建工集团签订承包合同,借用长春建工集团资质办理相关手续。项目的土建部分由贾玉山自己组织人员施工,钢构部分由贾铁金负责建设。长春建工集团及刘升收取了管理费。

3. 监理方情况

宝源丰公司项目的监理方是铁岭无业人员张新明,他向贾玉山承揽到宝源丰公司项目监理业务,由瑞诚监理公司和宝源丰公司签订合同,由张新明代表瑞诚监理公司开展监理工作。张新明不具备监理资质、不懂监理业务,并同时代表贾玉山对项目进行技术管理,分别从两家公司领取报酬。

二、事故发生经过、应急救援及善后处理情况

(一)事故发生经过

2013年6月3日5时20分至50分左右,宝源丰公司员工陆续进厂工作(受运输和天气温度的影响,该企业通常于早6时上班),当日计划屠宰加工肉鸡3.79万只,当日在车间现场人数395人(其中一车间113人,二车间192人,挂鸡台20人,冷库70人)。

6时10分左右,部分员工发现一车间女更衣室及附近区域上部有烟、火,主厂房外面也有人发现主厂房南侧中间部位上层窗户最先冒出黑色浓烟。部分较早发现火情人员进行了初期扑救,但火势未得到有效控制。火势逐渐在吊顶内由南向北蔓延,同时向下蔓延到整个附属区,并由附属区向北面的主车间、速冻车间和冷库方向蔓延。燃烧产生的高温导致主厂房西北部的1号冷库和1号螺旋速冻机的液氨输送管线和氨气回收管线发生物理爆炸,致使该区域上方屋顶卷开,大量氨气泄漏,介入了燃烧,火势蔓延至主厂房的其余区域。

(二)灭火救援及现场处置情况

6时30分57秒,德惠市公安消防大队接到110指挥中心报警后,第一时间调集力量赶赴现场处置。吉林省及长春市人民政府接到报告后,迅速启动了应急预案,省、市党政主要负责同志和其他负责同志立即赶赴现场,组织调动公安、消防、武警、医疗、供水、供电等有关部门和单位参加事故抢险救援和应急处置,先后调集消防官兵800余名、公安干警300余名、武警官兵800余名、医护人员150余名,出动消防车113辆、医疗救护车54辆,共同参与事故抢险救援和应急处置。在施救过程中,共组织开展了10次现场搜救,抢救被困人员25人,疏散现场及周边群众近3 000人,火灾于当日11时被扑灭。

由于制冷车间内的高压储氨器和卧式低压循环桶中储存有大量液氨,消防部队按照"确保液氨储罐不发生爆炸,坚决防止次生灾害事故发生"的原则,采取喷雾稀释泄漏氨气、水枪冷却储氨器、破拆主厂房排烟排氨气等技战术措施,并组成攻坚组在宝源丰公司技术人员的配合下成功关闭了相关阀门。

事故中,制冷机房内的1号卧式低压循环桶内液氨泄漏,其余3台高压储氨器、9台卧式低压循环桶及液氨输送和氨气回收管线内尚存储液氨30 t。在国家安全生产应急救援指挥中心有关负责同志及专家的指导下,历经8昼夜处置,30 t液氨全部导出并运送至安全地点。

当地政府对残留现场已解冻、腐烂的2 600余t禽类产品进行了无害化处理,并对事故现场反复消毒杀菌,避免了疫情发生及对土壤、水源造成二次污染。

(三)善后处理情况

当地党委、政府认真做好事故伤亡人员家属接待及安抚、遇难者身份确认和赔偿等工作,共成立121个包保安抚工作组,对121名遇难者的家属实行包保帮扶,保持了社会稳定。121名遇难者遗体已全部经DNA比对确认身份,遗体已全部火化,遇难者理赔已全部完成。

事故发生时共有77名受伤人员入院治疗(其中15名为重症),卫生部门成立了一对一的医疗救治小组,国家卫生和计划生育委员会向长春派遣了医疗专家组,共有18名国

家级专家、52名省市专家、370名医护人员参与治疗,累计会诊392人次。同时,对遇难者家属、受伤人员及其家属分步骤进行了心理疏导,实施了心理危机干预治疗。77名受伤人员中,除1人因伤势过重经抢救无效死亡外,其他受伤人员均可恢复生活和劳动能力。

三、事故原因和性质

(一)直接原因

宝源丰公司主厂房一车间女更衣室西面和毗连的二车间配电室的上部电气线路短路,引燃周围可燃物。

造成火势迅速蔓延的主要原因:一是主厂房内大量使用聚氨酯泡沫保温材料和聚苯乙烯夹芯板(聚氨酯泡沫燃点低、燃烧速度极快,聚苯乙烯夹芯板燃烧的滴落物具有引燃性)。二是一车间女更衣室等附属区房间内的衣柜、衣物、办公用具等可燃物较多,且与人员密集的主车间用聚苯乙烯夹芯板分隔。三是吊顶内的空间大部分连通,火灾发生后,火势由南向北迅速蔓延。四是当火势蔓延到氨设备和氨管道区域时,燃烧产生的高温导致氨设备和氨管道发生物理爆炸,大量氨气泄漏,介入了燃烧。

造成重大人员伤亡的主要原因:一是起火后,火势从起火部位迅速蔓延,聚氨酯泡沫塑料、聚苯乙烯泡沫塑料等材料大面积燃烧,产生高温有毒烟气,同时伴有泄漏的氨气等毒害物质。二是主厂房内逃生通道复杂,且南部主通道西侧安全出口和二车间西侧直通室外的安全出口被锁闭,火灾发生时人员无法及时逃生。三是主厂房内没有报警装置,部分人员对火灾知情晚,加之最先发现起火的人员没有来得及通知二车间等区域的人员疏散,使一些人丧失了最佳逃生时机。四是宝源丰公司未对员工进行安全培训,未组织应急疏散演练,员工缺乏逃生自救互救知识和能力。

(二)间接原因

1. 宝源丰公司安全生产主体责任根本不落实

(1)企业出资人即法定代表人根本没有以人为本、安全第一的意识,严重违反国家的安全生产方针和安全生产法律法规,重生产、重产值、重利益,要钱不要安全,为了企业和自己的利益而无视员工生命。

(2)企业厂房建设过程中,为了达到少花钱的目的,未按照原设计施工,违规将保温材料由不燃的岩棉换成易燃的聚氨酯泡沫,导致起火后火势迅速蔓延,产生大量有毒气体,造成大量人员伤亡。

(3)企业从未组织开展过安全宣传教育,从未对员工进行安全知识培训,企业管理人员、从业人员缺乏消防安全常识和扑救初期火灾的能力;虽然制订了事故应急预案,但从未组织开展过应急演练;违规将南部主通道西侧的安全出口和二车间西侧外墙设置的直通室外的安全出口锁闭,使火灾发生后大量人员无法逃生。

(4)企业没有建立健全、更没有落实安全生产责任制,虽然制定了一些内部管理制度、安全操作规程,主要是为了应付检查和档案建设需要,没有公布、执行和落实;总经理、厂长、车间班组长不知道有规章制度,更谈不上执行;管理人员招聘后仅在会议上宣布,没有文件任命,日常管理属于随机安排;投产以来没有组织开展过全厂性的安全检查。

(5)未逐级明确安全管理责任,没有逐级签订包括消防在内的安全责任书,企业法定代表人、总经理、综合办公室主任及车间、班组负责人都不知道自己的安全职责和责任。

（6）企业违规安装布设电气设备及线路，主厂房内电缆明敷，二车间的电线未使用桥架、槽盒，也未穿安全防护管，埋下重大事故隐患。

（7）未按照有关规定对重大危险源进行监控，未对存在的重大隐患进行排查整改消除。尤其是2010年发生多起火灾事故后，没有认真吸取教训，加强消防安全工作和彻底整改存在的事故隐患。

2. 公安消防部门履行消防监督管理职责不力

（1）米沙子镇派出所未能认真履行负责全镇消防安全监管工作的职责，发现宝源丰公司符合《吉林省消防安全重点单位界定标准》后，未将宝源丰公司作为二级消防安全重点单位向德惠市公安消防大队上报，未进行盯防和监控；对劳动密集型生产加工企业等人员密集场所监督检查不力，疏于日常消防安全监管，未对该公司进行实地检查，未及时发现其存在的重大事故隐患并下达《整改通知书》督促整改。尤其是对2010年宝源丰公司多次发生的火灾事故没有会同德惠市消防大队进行认真严肃的查处，致使该企业没有吸取事故教训，加强消防安全管理。事故发生后，与企业有关人员共同对消防检查记录进行作假。

（2）德惠市公安消防大队违规将宝源丰公司申请消防设计审核作为备案抽查项目，在没有进行消防设计审核、消防验收的前提下，违法出具《建设工程消防验收合格意见书》；未发现和督促纠正建设单位擅自更换不符合防火标准的建筑材料的问题；未按照《吉林省消防安全重点单位界定标准》将宝源丰公司列为二级消防安全重点单位，实施重点监控；未指导米沙子镇派出所对宝源丰公司定期进行消防安全教育培训；对2010年宝源丰公司多次发生的火灾事故没有认真严肃地查处，致使该企业没有认真吸取事故教训，加强消防安全工作和对重大事故隐患进行整改消除。

（3）德惠市公安局督促指导开展辖区内劳动密集型生产加工企业火灾隐患排查治理工作不力；对消防安全重点单位界定工作不力；对米沙子镇派出所消防安全监督管理工作疏于监管。

（4）长春市公安消防支队未能发现和纠正德惠市公安消防大队违规将宝源丰公司建设项目作为备案抽查项目、违法办理消防验收手续等问题；监督指导德惠市公安消防大队开展人员密集场所全覆盖安全监督检查不力；对德惠市公安消防大队失职问题失察。

（5）长春市公安局督促指导德惠市开展劳动密集型生产加工企业火灾隐患排查治理工作不得力；对消防安全重点单位界定工作不到位；对德惠市公安局及其消防大队消防安全监督管理工作疏于监督检查。

（6）吉林省公安消防总队宣传贯彻《中华人民共和国消防法》《建设工程消防监督管理规定》《消防监督检查规定》等法律法规不到位；对长春市公安消防支队及德惠市公安消防大队存在的问题失察；在业务培训、队伍建设、督促干部依法行政方面存在薄弱环节。

（7）吉林省公安厅对全省消防安全监督管理工作检查督促不到位，对长春市公安及其消防机构消防监督管理工作失察。

3. 建设部门在工程项目建设中监管严重缺失

（1）米沙子镇建设分局监管人员没有执法资格证件，责任心不强、监管水平低，工作严重失职,放松安全质量监管甚至根本不监管。对宝源丰公司项目工程建设各方责任主体资格审查不严,未能发现和解决该公司项目建设设计、施工、监理挂靠或借用资质等问题;在工程建设中,未能发现并查处宝源丰公司擅自更改建筑设计、更换阻燃材料等问题。

(2)德惠市建设工程质量监督站对宝源丰公司工程建设监管工作严重失职。该站没有按照国家规定对宝源丰公司项目工程建设各方责任主体资格进行审查,未能发现和纠正宝源丰公司项目建设设计、施工、监理单位挂靠或借用资质等问题;对宝源丰公司项目检查时,未发现和查处工程监理人员没有资质、监理日志和月报等工程资料不全、建设施工方擅改建筑设计更换建筑材料等问题;对竣工验收环节把关不严,在宝源丰公司项目工程建设资料不全、工程各方质量行为不清的情况下,违规办理竣工验收手续,致使存在重大安全隐患的建筑投入使用;对辖区内工程建设的日常监管不扎实、不落实,现场质量检查不认真、不深入、不全面,站负责人工作极不尽责,参与现场检查的次数少,对所负责项目的监管内容和进度不清楚且工作缺乏计划、随意性大。

(3)德惠市住房和城乡建设局对宝源丰公司项目工程建设招标投标及工程验收等重点环节监督把关不严,导致该项目出现设计、施工、监理单位和人员挂靠或借用资质的问题;对下属的德惠市建设工程质量监督站工作指导、监督、督促、检查不力;对宝源丰公司项目建设的安全质量问题严重失察。

4. 安全监管部门履行安全生产综合监管职责不到位

(1)米沙子镇安监站工作人员对安全生产工作职责不清,日常监管随意,检查记录残缺不全;对宝源丰公司安全生产监督检查流于形式,未对宝源丰公司特殊岗位操作人员资质和工作情况进行检查,未认真督促企业和镇消防部门对消防安全隐患进行深入排查治理;督促镇有关部门落实吉林省、长春市开展防火专项行动工作不力,且发现宝源丰公司没有开展安全生产培训的问题后未认真督促整改。

(2)德惠市安全生产监督管理局对特种作业人员持证上岗工作监管缺失;发现宝源丰公司使用存储液氨后,未对该公司特种作业人员持证上岗情况进行检查和查处;对重大危险源监控工作监管不力;督促指导辖区企业和消防部门落实吉林省、长春市开展防火专项行动和隐患排查治理工作不认真、不扎实;监督指导市属有关部门履行行业安全监管职责工作不到位。

5. 地方政府安全生产监管职责落实不力

(1)米沙子镇人民政府重经济增速、重财政收入、重招商引资,对宝源丰公司建设片面强调"特事特办、多开绿灯",要"政绩"而忽视安全生产。由镇经贸办同时代管镇食安办和安监站职责,委任的镇安监站长和工作人员不具备基本的安全生产监管知识,不了解自己的工作职责;对镇政府有关部门履行安全生产和属地监督管理职责的指导和监督检查不力;未按要求认真深入扎实地开展"打非治违"工作,甚至自身违法违规行政,致使宝源丰公司存在大量的违法违规建设行为;不认真落实吉林省、长春市关于开展人员密集场所消防专项整治的部署和要求,部署工作针对性不强,监督检查措施不得力,没有发现和监控该镇存在的多处重大危险源;隐患排查治理工作不认真、不严肃、不彻底,检查安排随意,没有计划、没有记录,发现隐患后没有跟踪整改和回访,使存在的重大事故隐患和严重问题没有得到及时有效消除和解决。

(2)德惠市人民政府没有牢固树立和落实科学发展观和安全发展理念,片面地追求GDP增长,片面地强调为招商引资项目"多开绿灯、特事特办",忽视安全生产。贯彻执行安全生产法律法规和政策规定以及上级的安全生产工作部署要求以及督促企业、基层政府及其有关部门落实安全生产和质量管理责任制、加强安全和质量监管不得力。2012年以来,在对人员密集场所消防安全专项整治、冬春防火百日会战以及吉林省吉煤集团通化矿业集团公司八宝煤业公司"3·29"特别重大瓦斯爆炸事故和"4·1"重大瓦斯爆炸事故后的安全隐患大排查治理工作中,市政府只是做了安排部署,但没有对层层落实安全生产措施和隐患排查治理的实际情况进行督促检查;安全生产大排查大整改不深入、不全面、不彻底,致使存在盲区死角,未能发现和解决宝源丰公司存在的重大安全隐患问题;开展"打非治违"工作不力,导致宝源丰公司出现严重违法违规建设行为和基层政府及有关部门违法违规行政;将工程建设审批权下放给米沙子镇人民政府和米沙子工业集中区后,未能督促指导其开展相应的安全和建筑施工质量监督检查工作,导致基层安全生产和质量监督管理工作不落实,企业的重大事故隐患得不到及时发现和整改消除。

(3)长春市人民政府没有正确处理安全与发展的关系,贯彻落实国家和吉林省安全生产法律法规、政策规定、工作部署要求不认真、不扎实、不得力;对有关部门和地方政府的安全及质量监管工作监督检查不到位,对"打非治违"和隐患排查治理工作要求不严、抓得不实;监督指导长春市属有关部门和德惠市人民政府依法履行安全生产监管职责不到位。

(4)吉林省人民政府科学发展观和安全发展理念树立得不牢;贯彻落实国家安全生产法律法规、政策规定、工作部署要求和督促指导有关地区、部门认真履行职责、做好安全生产工作不到位;对全省消防安全工作的领导指导和监督不力。

(三)事故性质

经调查认定,吉林省长春市宝源丰禽业有限公司"6·3"特别重大火灾爆炸事故是一起生产安全责任事故。

四、对事故有关责任人员及责任单位的处理建议

(1)因在事故中死亡免予追究责任人员2人。
(2)司法机关已采取措施人员19人。
(3)建议给予党纪、政纪处分人员共23人。
(4)相关处罚及问责建议。
①依据《安全生产法》《生产安全事故报告和调查处理条例》等相关法律和行政法规规定,建议吉林省人民政府责成吉林省安全生产监督管理局对宝源丰公司给予规定上限的经济处罚。
②建议吉林省人民政府责成有关部门按照相关法律、法规规定,对宝源丰公司依法予以取缔。
③建议吉林省人民政府责成有关部门对所涉及的工程项目设计、施工、监理单位的违法违规行为做出行政处罚。
④建议连同吉林省吉煤集团通化矿业集团公司八宝煤业公司"3·29"特别重大瓦斯

爆炸事故,对吉林省人民政府予以通报批评,并责成其向国务院做出深刻检查。

五、事故防范措施建议

(1)要切实牢固树立和落实科学发展观。

(2)要切实强化企业安全生产主体责任的落实。

(3)要切实强化以消防安全标准化建设为重点的消防安全工作。

(4)要切实强化使用氨制冷系统企业的安全监督管理。

(5)要切实强化工程项目建设的安全质量监管工作。

(6)要切实强化政府及其相关部门的安全监管责任。

(7)要切实强化对安全生产工作的领导。

参考文献

[1] 公安部消防局.2016全国火灾情况分析[EB/OL].[2017-06-22].http://www.119.gov.cn/xiaofang/nbnj/34601.htm.

[2] 公安部消防局.中国消防年鉴2014[M].昆明:云南人民出版社,2014.

[3] 公安部消防局.中国消防年鉴[EB/OL].[2016-08-26].http://www.119.gov.cn/xiaofang/nbnj/33392.htm.

[4] 国务院事故调查组.吉林省长春市"6·3"特别重大火灾爆炸事故调查报告[EB/OL].[2013-07-11].http://www.chinasafety.gov.cn/newpage/Contents/Channel_20132/2013/0711/212464/content_212464.htm.

第5章 危险化学品事故特征

5.1 危险化学品安全生产形势

2015年8月12日,位于天津市滨海新区天津港的瑞海公司危险品仓库发生火灾爆炸事故。事故发生后引起国内外社会各界高度关注,危险化学品事故更是受到了媒体和民众的瞩目。危险化学品是指具有毒害、腐蚀、爆炸、燃烧、助燃等性质,对人体、设施、环境具有危害的剧毒化学品和其他化学品。危险化学品事故是指有毒、有害、易燃易爆的化学物品在生产、使用、储存和运输过程中发生泄漏、爆炸、燃烧,造成或可能造成人员、财产损失或环境污染,具有较大社会危害的灾害事故,具有发生突然性、形式多样性、危害严重性和处置艰巨性等显著特点。由于危险化学品都具有易燃、易爆、有毒、有害或有腐蚀等危险特性,从它的生产到使用、储存、运输和经营等过程中,如果控制不当,极易发生事故,如火灾或爆炸、人员中毒或伤亡、污染生态环境等。2006~2010年危险化学品事故一直居高不下,自2010年危险化学品事故达到阶段高峰后呈逐渐减少趋势,但个别年份存在反弹现象。

危险化学品的品种依据《化学品分类和标签规范》,从下列危险和危害特性类别中确定:

(1)物理危险。主要有:爆炸物、易燃气体、气溶胶(又称气雾剂)、氧化性气体、加压气体、易燃液体、易燃固体、自反应物质和混合物、自燃液体、自燃固体、自热物质和混合物、遇水放出易燃气体的物质和混合物、氧化性液体、氧化性固体、有机过氧化物、金属腐蚀物。

(2)健康危害。主要有急性毒性、皮肤腐蚀/刺激、严重眼损伤/眼刺激、呼吸道或皮肤致敏、生殖细胞致突变性、致癌性、生殖毒性、特异性靶器官毒性-一次接触、特异性靶器官毒性-反复接触、吸入危害。

(3)环境危害。主要有危害水生环境-急性危害、危害臭氧层。

目前对危险化学品的安全管理工作有明确法律要求的国家法律法规主要有《中华人民共和国安全生产法》《危险化学品安全管理条例》《危险化学品经营许可证管理办法》和《危险化学品包装物、容器定点生产管理办法》等。

危险化学品安全存在的主要问题有:

(1)我国现行法规中还存在不完善之处,执法力度也有所欠缺。虽然政府出台了一系列法律法规对烟花爆竹事故的发生有一定程度的抑制作用,但是其完善和细化程度尚有待加强。

(2)安全培训不足,安全意识欠缺。

(3)从业人员素质不高,并缺乏专业知识。

(4) 化工企业分布不合理,造成化工企业不集中,在消防安全方面不利于统一安全管理,给监督管理带来困难。

(5) 危险化学品安全体系不健全,对于一些化学品事故的数据库也尚未完善。

(6) 职能交叉导致监管不力。从管理体制上看,危险化学品管理的主体涉及安监局、质检、铁路、公路、公安等多个部门,各部门在信息上无法共享。

(7) 管理体制与经济体制不符、行业管理未能实现、中介服务作用没有发挥、工会维权力量薄弱、公众参与安全管理严重不足。

5.2 危险化学品事故特征

基于中国化学品安全协会公布的危险化学品事故信息,对2016年危险化学品事故进行了统计分析,2016年全年共发生危险化学品事故408起,死亡265人。其中,重特大危险化学品事故2起,1起为非法制造、储存炸药引发,造成14人死亡;另1起为焊缝缺陷在高温高压作用下扩展,局部裂开出现蒸汽泄漏,导致裂爆事故的发生,造成22人死亡。

从地域上看,江苏发生的危险化学品事故最多(见表5-1),为63起,其次为山东,发生48起,这两个省份的危险化学品事故远多于其他省(区、市);发生20起以上危险化学品事故的省份还有陕西、广东、浙江,分别为24、24、23起;危险化学品事故最多的5个省份共发生事故182起,占事故总数的44.6%,除了陕西为内陆省份外,其余4省均为经济较为发达的沿海省份;青海、吉林、海南危险化学品事故较少,仅为1起,西藏2016年未发生危险化学品事故。

表5-1 2016年危险化学品事故地域分布 （单位:起）

省(区、市)	江苏	山东	陕西	广东	浙江	湖北	云南	四川	河南	河北	广西
起数	63	48	24	24	23	18	15	15	14	13	13
省(区、市)	福建	江西	安徽	辽宁	湖南	上海	山西	甘肃	内蒙古	天津	贵州
起数	13	12	12	10	10	9	9	9	8	7	7
省(区、市)	北京	重庆	宁夏	黑龙江	新疆	青海	吉林	海南	西藏		
起数	7	6	6	6	4	1	1	1	0		

从危险化学品事故发生的地点(见图5-1)看,生产企业和道路运输分别发生148起和105起事故,远多于其他地点,生产企业危险化学品事故以爆炸和火灾为主,道路运输以泄漏和火灾为主。居住场所、管道和仓储等地方也是危险化学品事故多发的地点,居住场所主要为使用液化天然气所致,管道主要为天然气管道泄漏所致,危险化学品仓库存储的油气、固体原料容易发生泄漏、火灾、爆炸等事故。餐饮企业的危险化学品事故主要是燃料的使用导致的,以煤气为主,醇基液体燃料(俗称"环保油",含95%以上甲醇,同时掺入了一定比例的汽油、组分油等其他液体燃料,遇热源和明火易燃烧爆炸,属危险化学品)事故时有发生,事故形式以爆炸为主。临街店铺发生危险化学品事故主要由于这些店铺多从事危险化学品有关的行业。船舶发生危险化学品事故主要为运输危险化学品的

船舶发生水上交通事故,导致危险化学品发生泄漏,引起火灾和爆炸事故;另外鱼虾腐烂产生的有毒气体导致硫化氢中毒事件也时有发生,共发生4起渔民硫化氢中毒事件。污水处理厂发生的危险化学品事故,与污水处理相关的化学原料有关,这些化学原料易泄漏,导致火灾和爆炸,另外还有工人在处理污泥时发生硫化氢中毒事故。汽修厂发生的危险化学品事故往往是由修理危险化学品运输车辆导致的。高校实验室危险化学品事故呈多发趋势,多发生在相关实验过程中,如2015年12月18日,清华大学化学系何添楼二层的一间实验室发生爆炸火灾事故,一名正在做实验的博士后当场死亡,爆炸是在使用氢气做化学实验时发生的。近年来,关于游泳馆内氯气超标致人损害甚至死亡的事件屡有发生,我国室内外游泳场所采用定时、定量向游泳馆中加入氯气或氯制剂的池水消毒方式,因工作人员操作失误而导致游泳者氯气中毒的事件多次发生,2016年发生的两起游泳馆危险化学品事故均为氯气泄漏导致的。

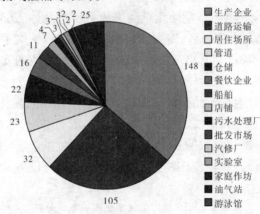

图 5-1　2016 年危险化学品事故分类(按地点)　(单位:起)

从危险化学品事故发生的原因(见图5-2)看,泄漏事故最多,为121起,其次为爆炸事故(103起),火灾、中毒和爆燃事故也较多,分别为90起、53起、35起,窒息事故4起,其他事故2起。泄漏事故以道路运输途中发生的交通事故为主,主要由危险化学品运输车追尾和侧翻造成,另外天然气管道发生的泄漏事故也较多,多是由于施工不慎,不小心挖断天然气管道造成泄漏事故发生。爆炸事故起数仅次于泄漏事故,但爆炸事故是破坏性最大的危险化学品事故,2016年两起重特大危险化学品事故均为爆炸事故,主要有油气运输过程中爆炸、液化气瓶爆炸、燃气泄漏爆炸、生产企业化工原料爆炸等。危险化学品火灾事故也是常见的危险化学品事故,有的爆炸事故是由火灾事故引起的,因此扑灭初起火灾能有效防止事故的扩大。危险化学品火灾多由液化气罐、油气罐车、燃气管道泄漏所致,生产企业内的易燃化学品也易导致火灾的发生。中毒事故也是危险化学品常见的事故,因为危险化学品之所以危险,除了易燃易爆外,不少还有很强的毒性。主要有有毒气体在运输、转载或生产过程中泄漏、居民煤气中毒、管道井污物处理、渔民清理船舱腐烂鱼虾、污水处理厂清淤、游泳馆氯气中毒、人为故意投毒等,中毒源主要为一氧化碳、硫化氢、氯气、氯乙烯、甲基溴、氟化氢、消毒液、磷化铝、硫酸铜、毒鼠强等。需要注意的是,人为投毒案广为关注,尤其是校园投毒案频频发生,如早年发生的朱令铊中毒案,几度沉浮,凶手至今仍逍遥法外,尚无明确结果;备受关注的"黄洋案(复旦投毒案)"造成两个家庭的离散。根据消防基本术语的定义,爆燃(deflagration)从之前的"以亚音速传播的爆炸"改成了"以亚音速传播的燃烧波",爆燃多由泄漏气体和液体所致。窒息事故多发生在局部空间,如井下、罐体,造成窒息的气体主要为氮气、氩气、甲烷等。

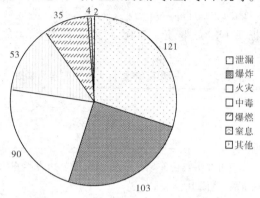

图5-2 2016年危险化学品事故分类(按原因) (单位:起)

从时间上看(见图5-3),危险化学品事故10月最多,为51起,其次是8月的50起和5月的45起,春夏秋季均有危险化学品事故发生较多的月份。从总体上看,冬季发生危险化学品事故较少,其中2月最少,为11起,1月发生20起,也比较少。可见,危险化学品事故的多发与温度有相关性,不少危险化学品随温度的升高极易燃烧和爆炸。如金属铯是一种化学元素,属于碱金属,带银金色。铯色白质软,熔点低,28.44 ℃时即会熔化,它是在室温或者接近室温的条件下为液体的五种金属元素之一,在空气中极易被氧化,能与水剧烈反应生成氢气且爆炸;再比如硝化棉($C_{12}H_{16}N_4O_{18}$)为白色或微黄色棉絮状物,易燃且具有爆炸性,化学稳定性较差,常温下能缓慢分解并放热,超过40 ℃时会加速分解,放出的热量如不能及时散失,会造成硝化棉温升加剧,达到180 ℃时能发生自燃。硝化棉通常加乙醇或水作湿润剂,一旦湿润剂散失,极易引发火灾。

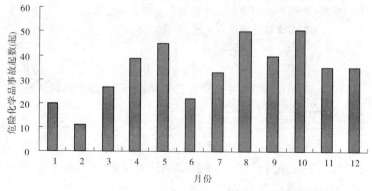

图5-3 2016年危险化学品事故发生时间

5.3 重特大危险化学品事故特征

2005~2015 年共发生重特大危险化学品事故 30 起、特大事故 5 起,共造成 756 人死亡,其中天津港"8·12"瑞海公司危险品仓库火灾爆炸事故造成伤亡和损失最大,共造成 165 人死亡,直接经济损失 68.66 亿元。2005~2015 年重特大危险化学品事故情况如表 5-2 所示。

表 5-2 2005~2015 年重特大危险化学品事故

时间 (年-月-日)	死亡人数(人)	事故情况	事故类型
2015-11-29	10	滨州市邹平县山东富凯不锈钢有限公司发生重大中毒和窒息事故,造成 10 人死亡	中毒窒息
2015-08-31	13	东营市利津县刁口乡化工园区山东滨源化学有限公司发生重大爆炸事故,造成 13 人死亡	爆炸
2015-08-12	165	天津港危险品仓库火灾爆炸事故,造成 165 人死亡	爆炸
2015-04-06	0	4 月 6 日 18 时 56 分,腾龙芳烃(漳州)有限公司二甲苯装置发生爆炸着火重大事故,造成 6 人受伤(其中 5 人被冲击波震碎的玻璃刮伤),直接经济损失 9 457 万元	爆炸、燃烧
2014-12-31	18	12 月 31 日,广东佛山市顺德区新富华机械厂发生天然气爆炸,造成 18 人死亡,32 人受伤	爆炸
2014-08-02	97	8 月 2 日,江苏省昆山市中荣金属制品有限公司抛光车间发生粉尘爆炸特别重大事故,造成 97 人死亡	爆炸
2014-03-07	13	3 月 7 日 11 时 25 分,河北省唐山市开滦(集团)化工有限责任公司民爆器材生产线包装车间装药工段发生爆炸,厂房坍塌,造成 13 人死亡	爆炸
2013-11-22	62	11 月 22 日 10 时 30 分许,位于山东省青岛经济技术开发区的中石化东黄输油管道发生泄漏爆炸特别重大事故,共造成 62 人遇难	爆炸

续表 5-2

时间 (年-月-日)	死亡人数(人)	事故情况	事故类型
2013-10-08	10	10月8日17时57分,山东省博兴县纯化镇博兴诚力供气有限公司发生一起焦炉煤气柜爆炸事故,造成10人死亡、33人不同程度受伤	爆炸
2013-08-31	16	8月31日10时50分左右,上海市宝山区丰翔路1258号上海翁牌冷藏实业有限公司发生液氨泄漏事故,造成16人死亡、7人重伤	泄漏
2013-06-11	12	6月11日7时26分,江苏省苏州燃气集团液化气经销分公司横山储罐场生活区综合楼食堂发生爆炸后坍塌,20人被埋,造成12人死亡	爆炸
2013-05-20	33	5月20日10时25分,山东省济南市章丘曹范镇境内,中国保利集团公司保利民爆济南科技有限公司乳化震源药柱地面站发生爆炸事故,造成33人死亡、19人受伤	爆炸
2012-02-28	25	2月28日9时30分左右,河北省石家庄市赵县克尔化工厂硝酸胍车间发生爆炸,截至3月3日,已造成25人死亡、4人失踪、46人受伤	爆炸
2011-11-19	15	11月19日14时左右,山东省泰安市新泰联合化工有限公司三聚氰胺项目道生液冷凝器停车检修过程中发生喷射燃烧事故,该事故造成15人死亡、4人受伤	燃烧
2011-11-14	10	11月14日7时37分,陕西西安市太白路与科创路十字路口西南角嘉天国际公寓新城区一层樊记小吃店液化气罐爆炸,冲击波伤及路边公交站候车人员和行人,造成10人死亡、36人受伤	爆炸
2011-10-05	11	10月5日11时30分左右,江苏省南京钢铁有限联合公司炼铁厂五号高炉在停炉准备过程中发生铁水外溢事故。截至18时,事故已造成11人死亡、1人受伤	泄漏

续表 5-2

时间 (年-月-日)	死亡人数(人)	事故情况	事故类型
2011-03-29	10	3月29日11时30分,山西晋中市安泰集团股份有限公司电业分公司,17名维修工人在电厂蒸汽锅炉检修过程中,发生CO中毒事故,造成10人死亡	中毒
2010-07-28	13	7月28日10时11分,江苏南京市原塑料四厂一条丙烯管道发生泄漏并起火爆炸,截至29日12时,已造成13人死亡、14人重伤、120人轻伤	爆炸
2010-01-04	21	1月4日11时45分,河北省邯郸市武安市普阳钢铁有限公司2号转炉发生煤气泄漏事故,造成21人死亡、9人受伤	泄漏
2009-03-11	11	3月11日1时45分,江苏镇江市丹阳市吕城镇惠济村,中铁二十四局沪宁城际铁路工地施工人员租住一停产多年的铝粉加工厂的厂房,房内残存的粉尘发生爆炸,造成房屋坍塌,共造成11人死亡、20人受伤	爆炸
2008-12-24	17	12月24日9时,河北唐山市遵化市港陆钢铁有限公司2号高炉,重力除尘器顶部泄爆板爆裂造成煤气泄漏,当班工作人员有40多人,其中17人死亡	泄漏
2008-08-26	20	8月26日6时45分,广西河池地区河池市维尼纶厂有机车间发生爆炸,截至28日12时35分,事故已造成20人死亡	爆炸
2007-08-19	20	8月19日20时10分,山东滨州市邹平县魏桥创业集团铝母线铸造分厂发生铝水伤人事故,造成20人死亡、46人受伤,其中9人重伤	泄漏
2007-04-18	32	4月18日7时45分,辽宁铁岭市清河区清河特殊钢有限责任公司钢水包整体脱落,钢水洒出,冲进炼钢车间办公室,当时该办公室正在进行交接班,造成32人死亡	泄漏
2006-11-08	12	11月8日14时10分,江苏无锡市滨湖区华庄镇永强轧辊有限公司新购置的一台立式离心铸造机(由甘肃省天水华荣铸造机械有限公司制造),在第一炉试生产时,因离心铸造机机盖脱落,导致钢水外溢,造成12人死亡、15人不同程度烫伤	泄漏

续表5-2

时间 (年-月-日)	死亡人数(人)	事故情况	事故类型
2006-10-28	13	10月28日,中石油独山子石化分公司改扩建工程项目,双盘浮顶原油罐在进行防腐作业时发生闪爆事故,当时罐中有23人作业,其中6人受伤、13人死亡	爆炸
2006-07-28	22	7月28日10时,江苏盐城市射阳县氟源化工公司发生爆炸事故并着火,造成22人死亡、2人重伤、27人轻伤	爆炸
2006-06-16	16	6月16日15时10分,马鞍山市当涂县安徽盾安化工集团有限公司(马鞍山当涂化工厂)粉状乳化车间发生爆炸事故,200 m²左右厂房被摧毁,当班有15人作业,已造成16人死亡、3人重伤、21人轻伤	爆炸
2006-04-01	29	4月1日19时,山东烟台市招远县七六一有限责任公司(炸药厂)炸药包装车间发生爆炸事故,包装车间被炸塌,造成在岗31名工人全部被埋,其中29人死亡	爆炸
2006-01-20	10	1月20日12时17分,四川眉山市仁寿县中石油西南油气田分公司输气管理处仁寿运销部富加输气站出站处管线发生管道爆裂燃烧,造成10人死亡、3人重伤、47人轻伤	燃烧

危险化学品事故主要有危险化学品燃烧事故、危险化学品爆炸事故、危险化学品中毒和窒息事故、危险化学品灼伤事故、危险化学品泄漏事故、其他危险化学品事故等。重特大危险化学品事故发生的原因主要有燃烧、爆炸、泄漏、中毒和窒息几种类型。如图5-4所示,爆炸事故最多,为18起,占重特大事故总数的60%;爆炸主要有危险化学品液体爆炸、气体泄漏爆炸、粉尘爆炸,一般事故中常见的煤气泄漏爆炸和原油泄漏爆炸在重特大事故中也较为常见。从一般事故看,爆炸事故数量仅次于泄漏事故,属于多发类型,而爆炸事故具有突发性,令人猝不及防,威力大、破坏范围大,因而更容易造成大量人员伤亡和损失,因此重特大危险化学品中的爆炸事故远多于其他类型。泄漏事故发生7起,占23.3%,7起泄漏事故有6起发生在冶金公司(钢铁公司5起,铝业公司1起),多为煤气泄漏和高温金属液体泄漏。由于燃烧事故有一个缓冲期,相对于爆炸和泄漏事故具有突发性,燃烧事故起数相对较少,主要由危险化学品的泄漏所致,另外还有危险化学品的自燃等原因。如天津港"8·12"瑞海公司危险品仓库火灾爆炸事故就是由于硝化棉和其他危险化学品长时间大面积燃烧,导致堆放于运抵区的硝酸铵等危险化学品发生爆炸,事故造成165人遇难,包括消防人员和公安民警。中毒窒息事故在普通危险化学品事故中较

为常见,仅次于泄漏和爆炸,2起重特大中毒窒息事故均为煤气中毒。

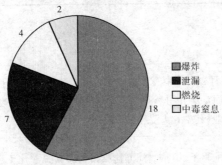

图5-4 重特大危险化学品事故分类 (单位:起)

从重特大危险化学品事故地域分布看,如表5-3所示,山东、江苏和河北事故起数较多,分别为8、6、4起,而在2016年危险化学品事故统计分析中,江苏和山东发生的事故远多于其他省(区、市),重特大事故起数也与2016年的统计分析一致,而河北发生重特大危险化学品事故数量较多与该省相关行业有关,4起事故中有2起发生在钢铁行业。新疆、天津、四川、广东、上海、山西、辽宁、广西、福建、安徽和陕西各发生1起重特大危险化学品事故,其余省份未发生重特大危险化学品事故。

表5-3 重特大危险化学品事故地域分布(2005~2015年) (单位:起)

省(区、市)	山东	江苏	河北	新疆	天津	四川	广东
起数	8	6	4	1	1	1	1
省(区、市)	上海	山西	辽宁	广西	福建	安徽	陕西
起数	1	1	1	1	1	1	1

从重特大危险化学品事故发生时间(见图5-5)看,8月事故最多,为6起,9月未发生重特大危险化学品事故,冬季发生重特大危险化学品事故较少,其他并无明显时间规律。

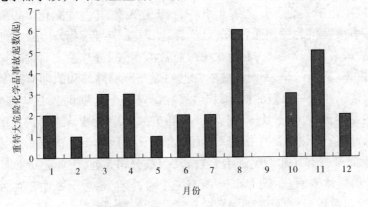

图5-5 重特大危险化学品事故发生时间(2005~2015年)

5.4 案例分析

天津港"8·12"瑞海公司危险品仓库火灾爆炸事故调查报告[2]

一、事故基本情况

(一)事故发生的时间和地点

2015年8月12日22时51分46秒,位于天津市滨海新区吉运二道95号的瑞海公司危险品仓库运抵区最先起火,23时34分6秒发生第一次爆炸,23时34分37秒发生第二次更剧烈的爆炸。事故现场形成6处大火点及数十个小火点,8月14日16时40分,现场明火被扑灭。

(二)事故现场情况

事故现场按受损程度,分为事故中心区、爆炸冲击波波及区。事故中心区为此次事故中受损最严重区域,该区域东至跃进路、西至海滨高速、南至顺安仓储有限公司、北至吉运三道,面积约为54万m²。两次爆炸分别形成一个直径15 m、深1.1 m的月牙形小爆坑和一个直径97 m、深2.7 m的圆形大爆坑。以大爆坑为爆炸中心,150 m范围内的建筑被摧毁,东侧的瑞海公司综合楼和南侧的中联建通公司办公楼只剩下钢筋混凝土框架;堆场内大量普通集装箱和罐式集装箱被掀翻、解体、炸飞,形成由南至北的3座巨大堆垛,一个罐式集装箱被抛进中联建通公司办公楼4层房间内,多个集装箱被抛到该建筑楼顶;参与救援的消防车、警车和位于爆炸中心南侧的吉运一道和北侧吉运三道附近的顺安仓储有限公司、安邦国际贸易有限公司储存的7 641辆商品汽车和现场灭火的30辆消防车在事故中全部损毁,邻近中心区的贵龙实业、新东物流、港湾物流等公司的4 787辆汽车受损。

爆炸冲击波波及区分为严重受损区、中度受损区。严重受损区是指建筑结构、外墙、吊顶受损的区域,受损建筑部分主体承重构件(柱、梁、楼板)的钢筋外露,失去承重能力,不再满足安全使用条件。中度受损区是指建筑幕墙及门窗受损的区域,受损建筑局部幕墙及部分门窗变形、破裂。

严重受损区在不同方向距爆炸中心最远距离为:东3 km(亚实履带天津有限公司)、西3.6 km(联通公司办公楼)、南2.5 km(天津振华国际货运有限公司)、北2.8 km(天津丰田通商钢业公司)。中度受损区在不同方向距爆炸中心最远距离为:东3.42 km(国际物流验放中心二场)、西5.4 km(中国检验检疫集团办公楼)、南5 km(天津港物流大厦)、北5.4 km(天津海运职业学院)。受地形地貌、建筑位置和结构等因素影响,同等距离范围内的建筑受损程度并不一致。

爆炸冲击波波及区以外的部分建筑,虽没有受到爆炸冲击波直接作用,但由于爆炸产生地面震动,造成建筑物接近地面部位的门、窗玻璃受损,东侧最远达8.5 km(东疆港宾馆)、西侧最远达8.3 km(正德里居民楼),南侧最远达8 km(和丽苑居民小区),北侧最远达13.3 km(海滨大道永定新河收费站)。

(三)人员伤亡和财产损失情况

事故造成165人遇难(参与救援处置的公安现役消防人员24人,天津港消防人员75人,公安民警11人,事故企业、周边企业员工和周边居民55人),8人失踪(天津港消防人员5人,周边企业员工、天津港消防人员家属3人),798人受伤住院治疗(伤情重及较重的伤员58人,轻伤员740人);304幢建筑物(其中办公楼宇、厂房及仓库等单位建筑73幢,居民1类住宅91幢,2类住宅129幢,居民公寓11幢)、12 428辆商品汽车、7 533个集装箱受损。

截至2015年12月10日,事故调查组依据《企业职工伤亡事故经济损失统计标准》(GB 6721—1986)等标准和规定统计,已核定直接经济损失68.66亿元人民币。

二、事故直接原因

(一)最初起火部位认定

通过调查询问事发当晚现场作业员工、调取分析位于瑞海公司北侧的环发讯通公司的监控视频、提取对比现场痕迹物证、分析集装箱毁坏和位移特征,认定事故最初起火部位为瑞海公司危险品仓库运抵区南侧集装箱区的中部。

(二)起火原因分析认定

1. 排除人为破坏因素、雷击因素和来自集装箱外部引火源

公安部派员指导天津市公安机关对全市重点人员和各种矛盾的情况以及瑞海公司员工、外协单位人员情况进行了全面排查,对事发时在现场的所有人员逐人定时定位,结合事故现场勘查和相关视频资料分析等工作,可以排除恐怖犯罪、刑事犯罪等人为破坏因素。

现场勘验表明,起火部位无电气设备,电缆为直埋敷设且完好,附近的灯塔、视频监控设施在起火时还正常工作,可以排除电气线路及设备因素引发火灾的可能。

同时,运抵区为物理隔离的封闭区域,起火当天气象资料显示无雷电天气,监控视频及证人证言证实起火时运抵区内无车辆作业,可以排除遗留火种、雷击、车辆起火等外部因素。

2. 筛查最初着火物质

事故调查组通过调取天津海关H2010通关管理系统数据等,查明事发当日瑞海公司危险品仓库运抵区储存的危险货物包括第2、3、4、5、6、8类及无危险性分类数据的物质,共72种。对上述物质采用理化性质分析、实验验证、视频比对、现场物证分析等方法,逐类逐种进行了筛查:第2类气体2种,均为不燃气体;第3类易燃液体10种,均无自燃或自热特性,且其中着火可能性最高的一甲基三氯硅烷燃烧时火焰较小,与监控视频中猛烈燃烧的特征不符;第5类氧化性物质5种,均无自燃或自热特性;第6类毒性物质12种、第8类腐蚀性物质8种、无危险性分类数据物质27种,均无自燃或自热特性;第4类易燃固体、易于自燃的物质、遇水放出易燃气体的物质8种,除硝化棉外,均不自燃或自热。实验表明,在硝化棉燃烧过程中伴有固体颗粒燃烧物飘落,同时产生大量气体,形成向上的热浮力。经与事故现场监控视频比对,事故最初的燃烧火焰特征与硝化棉的燃烧火焰特征相吻合。同时查明,事发当天运抵区内共有硝化棉及硝基漆片32.97 t。因此,认定最初着火物质为硝化棉。

3. 认定起火原因

硝化棉($C_{12}H_{16}N_4O_{18}$)为白色或微黄色棉絮状物,易燃且具有爆炸性,化学稳定性较差,常温下能缓慢分解并放热,超过40 ℃时会加速分解,放出的热量如不能及时散失,会造成硝化棉温升加剧,达到180 ℃时能发生自燃。硝化棉通常加乙醇或水作湿润剂,一旦湿润剂散失,极易引发火灾。

试验表明,去除湿润剂的干硝化棉在40 ℃时发生放热反应,达到174 ℃时发生剧烈失控反应及质量损失,自燃并释放大量热量。如果在绝热条件下进行试验,去除湿润剂的硝化棉在35 ℃时即发生放热反应,达到150 ℃时即发生剧烈的分解燃烧。

经对向瑞海公司供应硝化棉的河北三木纤维素有限公司、衡水新东方化工有限公司调查,企业采取的工艺为:先制成硝化棉水棉(含水30%)作为半成品库存,再根据客户的需要,将湿润剂改为乙醇,制成硝化棉酒棉,之后采用人工包装的方式,将硝化棉装入塑料袋内,塑料袋不采用热塑封口,用包装绳扎口后装入纸筒内。据瑞海公司员工反映,在装卸作业中存在野蛮操作问题,在硝化棉装箱过程中曾出现包装破损、硝化棉散落的情况。

对样品硝化棉酒棉湿润剂挥发性进行的分析测试表明:如果包装密封性不好,在一定温度下湿润剂会挥发散失,且随着温度升高而加快;如果包装破损,在50 ℃下2 h乙醇湿润剂会全部挥发散失。

事发当天最高气温达36 ℃,试验证实,在气温为35 ℃时集装箱内温度可达65 ℃以上。

以上几种因素耦合作用引起硝化棉湿润剂散失,出现局部干燥,在高温环境作用下,加速分解反应,产生大量热量,由于集装箱散热条件差,致使热量不断积聚,硝化棉温度持续升高,达到其自燃温度,发生自燃。

(三)爆炸过程分析

集装箱内硝化棉局部自燃后,引起周围硝化棉燃烧,放出大量气体,箱内温度、压力升高,致使集装箱破损,大量硝化棉散落到箱外,形成大面积燃烧,其他集装箱(罐)内的精萘、硫化钠、糠醇、三氯氢硅、一甲基三氯硅烷、甲酸等多种危险化学品相继被引燃并介入燃烧,火焰蔓延到邻近的硝酸铵(在常温下稳定,但在高温、高压和有还原剂存在的情况下会发生爆炸;在110 ℃开始分解,230 ℃以上时分解加速,400 ℃以上时剧烈分解、发生爆炸)集装箱。随着温度持续升高,硝酸铵分解速度不断加快,达到其爆炸温度(试验证明,硝化棉燃烧半小时后达到1 000 ℃以上,大大超过硝酸铵的分解温度)。23时34分6秒,发生了第一次爆炸。

距第一次爆炸点西北方向约20 m处,有多个装有硝酸铵、硝酸钾、硝酸钙、甲醇钠、金属镁、金属钙、硅钙、硫化钠等氧化剂、易燃固体和腐蚀品的集装箱。受到南侧集装箱火焰蔓延作用以及第一次爆炸冲击波影响,23时34分37秒发生了第二次更剧烈的爆炸。

据爆炸和地震专家分析,在大火持续燃烧和两次剧烈爆炸的作用下,现场危险化学品爆炸的次数可能是多次,但造成现实危害后果的主要是两次大的爆炸。经爆炸科学与技术国家重点实验室模拟计算得出,第一次爆炸的能量约为15 t TNT当量,第二次爆炸的能量约为430 t TNT当量。考虑其间还发生多次小规模的爆炸,确定本次事故中爆炸总能量约为450 t TNT 当量。

最终认定事故直接原因是：瑞海公司危险品仓库运抵区南侧集装箱内的硝化棉由于湿润剂散失出现局部干燥，在高温（天气）等因素的作用下加速分解放热，积热自燃，引起相邻集装箱内的硝化棉和其他危险化学品长时间大面积燃烧，导致堆放于运抵区的硝酸铵等危险化学品发生爆炸。

三、事故应急救援处置情况

（一）爆炸前灭火救援处置情况

8月12日22时52分，天津市公安局110指挥中心接到瑞海公司火灾报警，立即转警给天津港公安局消防支队。与此同时，天津市公安消防总队119指挥中心也接到群众报警。接警后，天津港公安局消防支队立即调派与瑞海公司仅一路之隔的消防四大队紧急赶赴现场，天津市公安消防总队也快速调派开发区公安消防支队三大街中队赶赴增援。

22时56分，天津港公安局消防四大队首先到场，为阻止火势蔓延，消防员利用水枪、车载炮冷却保护毗邻集装箱堆垛。后因现场火势猛烈、辐射热太高，指挥员命令所有消防车和人员立即撤出运抵区，在外围利用车载炮，射水控制火势蔓延，根据现场情况，指挥员又向天津港公安局消防支队请求增援，天津港公安局消防支队立即调派五大队、一大队赶赴现场。与此同时，天津市公安消防总队119指挥中心根据报警量激增的情况，立即增派开发区公安消防支队全勤指挥部及其所属特勤队、八大街中队，保税区公安消防支队天保大道中队，滨海新区公安消防支队响螺湾中队、新北路中队前往增援。天津港公安局消防支队和天津市公安消防总队共向现场调派了3个大队、6个中队、36辆消防车、200人参与灭火救援。

（二）爆炸后现场救援处置情况

天津市委、市政府迅速成立事故救援处置总指挥部，共动员现场救援处置的人员达1.6万多人，动用装备、车辆2 000多台，其中解放军2 207人，339台装备；武警部队2 368人，181台装备；公安消防部队1 728人，195部消防车；公安其他警种2 307人；安全监管部门危险化学品处置专业人员243人；天津市和其他省（区、市）防爆、防化、防疫、灭火、医疗、环保等方面专家938人，以及其他方面的救援力量和装备。公安部先后调集河北、北京、辽宁、山东、山西、江苏、湖北、上海8省（市）公安消防部队的化工抢险、核生化侦检等专业人员和特种设备参与救援处置。公安消防部队会同解放军（北京军区卫戍区防化团、解放军舟桥部队、预备役力量）、武警部队等组成多个搜救小组，反复侦检、深入搜救，针对现场存放的各类危险化学品的不同理化性质，利用泡沫、干沙、干粉进行分类防控灭火。

事故现场指挥部在事故中心区周围构筑1 m高围埝，封堵4处排海口、3处地表水沟渠和12处雨污排水管道，把污水封闭在事故中心区内。同时，对事故中心区及周边大气、水、土壤、海洋环境实行24 h不间断监测，采取针对性防范处置措施，防止环境污染扩大。9月13日，现场处置清理任务全部完成，累计搜救出有生命迹象人员17人，搜寻出遇难者遗体157具，清运危险化学品1 176 t、汽车7 641辆、集装箱13 834个、货物14 000 t。

（三）医疗救治和善后处理情况

国家卫计委和天津市政府组织医疗专家，抽调9 000多名医务人员，全力做好伤员救治工作，努力提高抢救成功率，降低死亡率和致残率。由国家级、市级专家组成4个专家救治组和5个专家巡视组，逐一摸排伤员伤情，共同制订诊疗方案；将伤员从最初的45所医院集中到15所三级综合医院和三甲专科医院，实行个性化救治；组建两支重症医学护理应急队，精心护理危重症伤员，抽调59名专家组建7支队伍，对所有伤员进行筛查，跟进康复治疗；实施出院伤员与基层医疗机构无缝衔接，按辖区属地管理原则，由社区医疗机构免费提供基本医疗；实施心理危机干预与医疗救治无缝衔接，做好伤员、牺牲遇难人员家属、救援人员等人群心理干预工作；同步做好卫生防疫工作，加强居民安置点疾病防控，安置点未发生传染病疫情。民政部将牺牲的消防员全部追认为烈士，按高标准进行抚恤；天津市政府在依法依规的前提下，给予遇难、失联人员家属和住院的伤残人员救助补偿；组织1 025名机关干部和街道社区工作人员，组成205个服务工作组，对遇难、失联和重伤人员家属进行面对面接待安抚，倾听诉求，解决实际困难。

四、事故企业相关情况及主要问题

（一）企业基本情况

瑞海公司成立于2012年11月28日，为民营企业，员工72人（含实习员工）。

（二）经营资质许可情况

2013年1月24日，瑞海公司取得天津市交通运输和港口管理局发放的《港口经营许可证》，该证准予瑞海公司"在港区从事仓储业务经营"（危险货物经营除外），有效期至2013年7月24日。在此期间，该公司未开展普通货物经营。

2013年4月8日，天津市交通运输和港口管理局批复同意瑞海公司关于"开展8、9类危险货物作业"的申请，有效期至2013年7月24日。5月18日，瑞海公司首次开展8、9类危险货物经营和作业。7月11日，天津市交通运输和港口管理局批复同意瑞海公司"从事2、3、4、5、6类危险货物装箱及运抵业务，暂不得从事储存及拆箱业务"，有效期至2013年10月16日。但是，瑞海公司在当年6月4日即开始2、3、4、5、6类危险货物经营和作业。两项批复到期后，天津市交通运输和港口管理局分别于2013年7月、10月同意瑞海公司危险货物作业延期至2014年1月11日。到期后，瑞海公司未申请延期，但仍继续从事危险货物经营业务。

2013年5月7日，天津海关批准瑞海公司设立运抵区，12月13日批准瑞海公司运抵区面积由3 150 m² 增加至5 838 m²。2014年1月12日至4月15日，瑞海公司无许可证、无批复从事危险货物仓储业务经营。2014年10月17日至2015年6月22日，瑞海公司在无许可证、无批复的情况下，从事危险货物仓储业务经营。

（三）瑞海公司危险品仓库存放危险货物情况

瑞海公司危险品仓库东至跃进路，西至中联建通物流公司，南至吉运一道，北至吉运二道，占地面积46 226 m²，其中运抵区面积5 838 m²，设在堆场的西北侧。经调查，事故发生前，瑞海公司危险品仓库内共储存危险货物7大类111种，共计11 383.79 t，包括硝酸铵800 t、氰化钠680.5 t、硝化棉、硝化棉溶液及硝基漆片229.37 t。其中，运抵区内共储存危险货物 72 种 4 840.42 t,包括硝酸铵 800 t,氰化钠 360 t,硝化棉、硝化棉溶液及硝基漆片 48.17 t。

(四)存在的主要问题

瑞海公司违法违规经营和储存危险货物,安全管理极其混乱,未履行安全生产主体责任,致使大量安全隐患长期存在。

(1)严重违反天津市城市总体规划和滨海新区控制性详细规划,未批先建、边建边经营危险货物堆场。

(2)无证违法经营。

(3)以不正当手段获得经营危险货物批复。

(4)违规存放硝酸铵。

(5)严重超负荷经营、超量存储。

(6)违规混存、超高堆码危险货物。

(7)违规开展拆箱、搬运、装卸等作业。

(8)未按要求进行重大危险源登记备案。

(9)安全生产教育培训严重缺失。

(10)未按规定制订应急预案并组织演练。

五、有关地方政府及部门和中介机构存在的主要问题

(1)天津市交通运输委员会(原天津市交通运输和港口管理局)滥用职权,违法违规实施行政许可和项目审批;玩忽职守,日常监管严重缺失。

(2)天津港(集团)有限公司在履行监督管理职责方面玩忽职守,个别部门和单位弄虚作假、违规审批,对港区危险品仓库监管缺失。

(3)天津海关系统违法违规审批许可,玩忽职守,未按规定开展日常监管。

(4)天津市安全监管部门玩忽职守,未按规定对瑞海公司开展日常监督管理和执法检查,也未对安全评价机构进行日常监管。

(5)天津市规划和国土资源管理部门玩忽职守,在行政许可中存在多处违法违规行为。

(6)天津市市场和质量监督部门对瑞海公司日常监管缺失。

(7)天津海事部门培训考核不规范,玩忽职守,未按规定对危险货物集装箱现场开箱检查进行日常监管。

(8)天津市公安部门未认真贯彻落实有关法律法规,未按规定开展消防监督指导检查。

(9)天津市滨海新区环境保护局未按规定审核项目,未按职责开展环境保护日常执法监管。

(10)天津市滨海新区行政审批局未严格执行项目竣工验收规定。

(11)天津市委、天津市人民政府和滨海新区党委、政府未全面贯彻落实有关法律法规,对有关部门和单位安全生产工作存在的问题失察失管。

(12)交通运输部未认真开展港口危险货物安全管理督促检查,对天津交通运输系统

工作指导不到位。

(13)海关总署未认真组织落实海关监管场所规章制度,督促指导天津海关工作不到位。

(14)中介及技术服务机构弄虚作假,违法违规进行安全审查、评价和验收等。

六、对事故有关责任人员和责任单位的处理

公安、检察机关对49名企业人员和行政监察对象依法立案侦查并采取刑事强制措施。其中,公安机关对24名相关企业人员依法立案侦查并采取刑事强制措施(瑞海公司13人,中介和技术服务机构11人);检察机关对25名行政监察对象依法立案侦查并采取刑事强制措施(正厅级2人,副厅级7人,处级16人),其中交通运输部门9人,海关系统5人,天津港(集团)有限公司5人,安全监管部门4人,规划部门2人。

根据事故原因调查和事故责任认定结果,调查组另对123名责任人员提出了处理意见,建议对74名责任人员给予党纪政纪处分,其中省部级5人,厅局级22人,县处级22人,科级及以下25人;对其他48名责任人员,建议由天津市纪委及相关部门视情予以诫勉谈话或批评教育;1名责任人员在事故调查处理期间病故,建议不再给予其处分。

七、事故主要教训

(1)事故企业严重违法违规经营。
(2)有关地方政府安全发展意识不强。
(3)有关地方和部门违反法定城市规划。
(4)有关职能部门有法不依、执法不严,有的人员甚至贪赃枉法。
(5)港口管理体制不顺、安全管理不到位。
(6)危险化学品安全监管体制不顺、机制不完善。
(7)危险化学品安全管理法律法规标准不健全。
(8)危险化学品事故应急处置能力不足。

八、事故防范措施和建议

(1)把安全生产工作摆在更加突出的位置。
(2)推动生产经营单位切实落实安全生产主体责任。
(3)进一步理顺港口安全管理体制。
(4)着力提高危险化学品安全监管法治化水平。
(5)建立健全危险化学品安全监管体制机制。
(6)建立全国统一的危险化学品监管信息平台。
(7)科学规划合理布局,严格安全准入条件。
(8)加强生产安全事故应急处置能力建设。
(9)严格安全评价、环境影响评价等中介机构的监管。
(10)集中开展危险化学品安全专项整治行动。

参考文献

[1] 李健,白晓昀,任正中,等. 2011~2013年我国危险化学品事故统计分析及对策研究[J]. 中国安全生产科学技术,2014,10(6):142-147.
[2] 国务院事故调查组. 天津港"8·12"瑞海公司危险品仓库火灾爆炸事故调查报告[EB/OL]. [2013-04-25]. http://www.gov.cn/gzdt/2013-03/27/content_2363329.htm.

第6章 建筑事故特征

6.1 建筑行业安全形势

建筑行业是国民经济发展的支柱行业,截至2016年底,全国有施工活动的建筑业企业8 301个,同比增长2.60%;从业人数5 185.24万人,同比增长1.80%;按建筑业总产值计算的劳动生产率为336 929元/人,同比增长3.98%;全国建筑业企业(指具有资质等级的总承包和专业承包建筑业企业,不含劳务分包建筑业企业)完成建筑业总产值193 566.78亿元,同比增长7.09%。

2007~2014年建筑业增加值占国内生产总值比例呈不断增加趋势,从2007的5.68%至2014年最高点6.97%。自2009年以来,建筑业增加值占国内生产总值比例始终保持在6.5%以上。2016年虽然比上年回落了0.11个百分点,但仍然达到了6.66%的较高点,高于2010年以前的水平,建筑业国民经济支柱产业的地位稳固。

2016年底,全社会就业人员总数77 603万人,其中,建筑业从业人数5 185.24万人,比上年末增加91.57万人,增长1.80%。建筑业从业人数占全社会就业人员总数的6.68%,比上年提高0.1个百分点,占比创新高。建筑业在吸纳农村转移人口就业、推进新型城镇化建设和维护社会稳定等方面继续发挥显著作用[1]。

2001~2005年,建筑事故起数保持在1 000起以上,2003年达到1 278起的阶段高峰。2001~2007年,建筑事故死亡人数维持在1 000人以上,2003年达到1 512人死亡的阶段高峰。自2001年以来,建筑事故起数和死亡人数总体呈下降趋势。近年来,建筑事故起数和死亡人数趋势平稳,个别年份出现震荡现象,尤其是2016年,建筑事故起数和死亡人数增加幅度明显,发生事故634起,比2015年同期事故起数增加192起,增加43.44%,超过2010年的水平;死亡735人,比2015年死亡人数增加181人,增加32.67%。建筑安全形势与我国后工业化时期的生产安全形势一致,整体处于较稳定水平,但仍存在震荡现象。

建筑安全存在的主要问题有:

(1)建筑安全生产责任不落实,监管不到位;

(2)安全生产意识薄弱,建筑行业的整体安全意识薄弱的问题还相当严重;

(3)建筑市场混乱,市场中的过度竞争和恶性竞争导致安全投入不足;

(4)安全技术规范在施工中得不到落实,存在有章不循、冒险蛮干现象;

(5)以包代管,安全管理薄弱,建筑安全交叉管理问题突出;

(6)政府有关职能部门责任意识不强,安全监管工作和监督执法人员的素质和依法行政的水平需要继续提高;

(7)一线操作人员安全意识和技能较差,一线工人的安全意识和技能须加强培训;

(8)建筑安全科研工作滞后,建筑安全相关工艺、技术、产品有待加强研究。

6.2 建筑事故特征

本节统计的建筑事故为房屋市政工程生产安全事故。从建筑事故起数看(见图6-1、图6-2),2010~2016年建筑事故起数分别为627起、589起、487起、528起、522起、442起、634起,较大事故分别发生29起、25起、29起、25起、29起、22起、27起,与前些年的持续下降有所不同,无论是一般建筑事故还是较大建筑事故都存在震荡现象,尤其在2016年,建筑事故起数增加非常明显,建筑安全形势不容乐观。

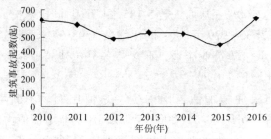

图6-1 建筑事故起数(2010~2016年)

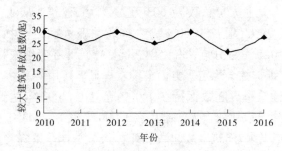

图6-2 较大建筑事故起数(2010~2016年)

从建筑事故死亡人数(见图6-3、图6-4)看,2010~2016年建筑事故死亡人数分别为772人、738人、624人、674人、648人、554人、735人,较大建筑事故死亡人数125人、110人、121人、102人、105人、85人、94人,与建筑事故起数一样,存在震荡现象。

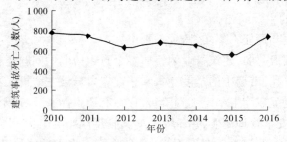

图6-3 建筑事故死亡人数(2010~2016年)

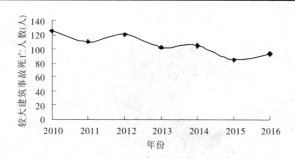

图 6-4　较大建筑事故死亡人数（2010～2016 年）

从建筑事故地域分布（见表 6-1）看，江苏 2010～2016 年发生建筑事故 416 起，远多于第二名的 246 起；安徽、浙江和上海建筑事故数量都超过 200 起；江苏、安徽、浙江、上海、广东 5 个省（市）共发生建筑事故 1 278 起，占事故总量的 33.7%，5 个省（市）除了安徽之外，其余省（市）均为沿海发达地区；海南、陕西、山西、宁夏、新疆生产建设兵团（简称兵团）、西藏事故少于 50 起，其中兵团和西藏少于 10 起。

表 6-1　建筑事故地域分布（2010～2016 年）　　　　　　　　（单位：起）

省（区、市）	江苏	安徽	浙江	上海	广东	四川	湖北	广西	黑龙江	北京	贵州
起数	416	246	220	210	186	171	151	146	145	142	142
省（区、市）	重庆	云南	福建	湖南	新疆	山东	吉林	江西	内蒙古	天津	辽宁
起数	129	116	111	107	106	102	101	101	91	91	87
省（区、市）	河南	甘肃	河北	青海	海南	陕西	山西	宁夏	兵团	西藏	
起数	84	78	71	70	49	47	35	32	7	6	

从建筑事故死亡人数分布看（见表 6-2），江苏 2010～2016 年建筑事故死亡 460 人，远多于第二名的 278 人；安徽、浙江、广东、上海和湖北建筑事故死亡人数都超过 200 人；江苏、安徽、浙江、广东、上海 5 个省（市）建筑事故导致 1 423 人死亡，占死亡人数的 31.9%；河北、甘肃、青海、陕西、山西、海南、宁夏、西藏和兵团死亡人数少于 100 人。

表 6-2　建筑事故死亡人数分布（2010～2016 年）　　　　　　　（单位：人）

省（区、市）	江苏	安徽	浙江	广东	上海	湖北	四川	北京	贵州	广西	黑龙江
死亡人数	460	278	233	231	221	204	188	175	169	158	158
省（区、市）	云南	重庆	辽宁	湖南	山东	新疆	吉林	内蒙古	福建	江西	河南
死亡人数	142	142	129	127	125	125	123	123	122	121	119
省（区、市）	天津	河北	甘肃	青海	陕西	山西	海南	宁夏	西藏	兵团	
死亡人数	102	94	88	78	59	52	51	44	14	10	

在所有建筑事故当中，高处坠落为建筑事故发生的主要原因，共发生 333 起，占事故总数的 52.52%（见图 6-5）；物体打击事故 97 起，占总数的 15.30%；起重伤害事故 56 起，占总数的 8.83%；坍塌事故 67 起，占总数的 10.57%；机械伤害、触电、车辆伤害、中毒和

窒息等其他事故81起,占总数的12.78%。

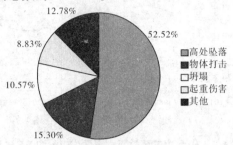

图6-5 建筑事故分类(2016年)

2016年,共发生27起较大事故,模板支撑体系坍塌事故8起、死亡30人,分别占较大事故总数的29.63%和31.91%;起重机械事故7起、死亡26人,分别占较大事故总数的25.93%和27.66%;土方、基坑、围墙坍塌事故8起、死亡25人,分别占较大事故总数的29.63%和26.60%;钢网架坍塌事故1起、死亡4人,分别占较大事故总数的3.70%和4.26%;脚手架坍塌事故1起、死亡3人,分别占较大事故总数的3.70%和3.19%;淹溺事故1起、死亡3人,分别占较大事故总数的3.70%和3.19%;高处坠落事故1起、死亡3人,分别占较大事故总数的3.70%和3.19%,如图6-6所示。

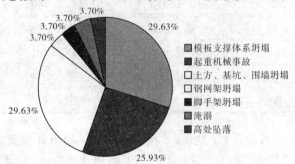

图6-6 较大建筑事故分类(2016年)(按事故起数比例)

从建筑事故发生时间(见图6-7)看,自2月起,建筑事故不断增多,至8月,建筑事故

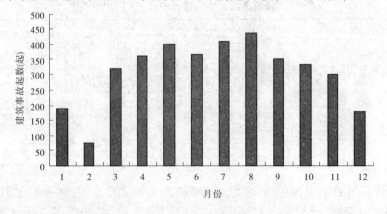

图6-7 建筑事故时间特征(2010~2016年)

最多达到438起,从8月建筑事故起数开始下降。冬季(12月、1月、2月)建筑事故起数占11.9%,春季(3月、4月、5月)建筑事故起数占29%,夏季(6月、7月、8月)建筑事故起数占32.6%,秋季(9月、10月、11月)建筑事故起数占26.5%。建筑事故特征主要表现为:冬季发生建筑事故明显较少,夏季事故最多,为冬季事故数量的3倍,总体呈抛物线形。

6.3 重特大建筑事故特征

2005～2015年共发生重特大建筑事故22起,特大事故1起,共造成295人死亡,其中四川成都市都江堰市都汶高速公路董家山隧道工程发生瓦斯爆炸事故,造成44人死亡。从事故类型(见图6-8)看,坍塌事故发生13起,占重特大事故总数的59.1%,是重特大建筑事故发生的主要类型;坠落事故发生6起,占重特大事故总数的27.3%;溜车、透水和瓦斯爆炸事故各发生1起。

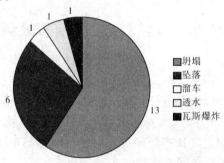

图6-8 重特大建筑事故分类(2005～2015年) (单位:起)

从重特大建筑事故地域分布(见表6-3)看,江苏、湖南、辽宁、陕西、重庆各发生2起;安徽、北京、福建、广东、贵州、湖北、吉林、内蒙古、山西、四川、天津、河南各发生1起。从地域上分析,重特大事故起数具有较大离散性。

表6-3 重特大建筑事故地域分布(2005～2015年)　　　　(单位:起)

省(区、市)	江苏	湖南	辽宁	陕西	重庆	安徽	北京	福建	广东
起数	2	2	2	2	2	1	1	1	1
省(区、市)	贵州	湖北	吉林	内蒙古	山西	四川	天津	河南	
起数	1	1	1	1	1	1	1	1	

从重特大建筑事故发生时间(见图6-9)看,10月事故最多,为5起;1月和9月未发生重特大建筑事故。冬季发生重特大建筑事故较少,冬、春、夏、秋季事故起数呈逐渐增多趋势。

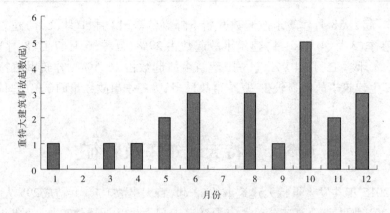

图 6-9 重特大建筑事故发生月份(2005~2015 年)

6.4 案例分析

西安"9·10"重大建筑施工坍塌事故调查报告[2]

2011年9月10日上午8时20分许,位于西安市未央路凯玄大厦的项目施工现场,因脚手架架体整体突然坍塌,致使正在该大厦东立面整体提升脚手架上进行降架和外墙面贴面砖施工及清洁的12名作业人员,自19层高处坠落,造成10人死亡、1人重伤、1人轻伤(现场死亡7人,经医院全力抢救无效死亡3人),直接经济损失约890万元。

按照《生产安全事故报告和调查处理条例》(国务院令第493号)和《陕西省安全生产条例》有关规定,成立了由省安全监管局局长任组长,省安全监管局、省监察厅、省住建厅、西安市政府有关领导任副组长,省安全监管、监察、住建、公安、工会等部门有关人员参加的西安"9·10"重大建筑施工坍塌事故调查组,并邀请省及西安市检察机关参加,下设综合、技术、管理3个小组。

事故调查组按照"科学严谨、依法依规、实事求是、注重实效"和"四不放过"的原则,通过现场勘察、技术分析、查阅资料、询问有关单位和当事人,查清了事故原因,界定了事故性质,区分了事故责任,提出了对事故相关责任单位、相关责任人的处理建议和施工安全防范整改措施。12月27日经事故调查组全体会议讨论,形成了事故调查报告。

一、事故经过及救援情况

(一)事故经过

2011年9月9日下午,陕西建工集团第十一建筑工程有限公司凯玄大厦项目部召开例会,生产负责人杜祥勇安排外架班长梁涛带领架子工把整体提升脚手架从20层落到16层。9月10日上午5时许,8名外墙装修人员登上位于凯玄大厦20层高处脚手架上开始清洗外墙面。7时20分,外架班长梁涛带领8名架子工人员开始进行整体提升脚手架的降架工作,同时架体上边还有8名工人在清洗外墙面,且清洗人员都集中在楼体东边的架体上。8时20分左右,附着式升降脚手架东侧偏南共4个机位、长度约22 m、高度14 m的提升脚手架架体发生整体坍塌,致使12名作业人员(墙面砖勾缝作业工人6人、安装落水管工人2人、架体降架工人4人)随架体坠落至室外地面。

(二)救援情况

事故发生后,国家安全监管总局、住建部及陕西省委、省政府高度重视。国家安全监管总局局长骆琳、副局长王德学就事故救援、善后及事故调查及时做出批示,省委书记赵乐际及时电话了解事故救援情况,省委副书记、省长赵正永,省委常委、西安市委书记孙清云,副省长郑小明,副省长李金柱先后做出批示,要求省级相关部门和西安市政府全力做好伤员抢救、妥善做好事故善后,尽快开展事故调查,同时安排在全省立即开展建设工地脚手架安全专项检查。国家安全监管总局、住建部先后派员并带领专家赴现场指导救援及事故调查工作。省安委会副主任、省安全监管局局长及省安全监管局、省住建厅、省监察厅分管领导赶赴事故现场,指导协调事故救援及善后处理工作。

事故发生后,西安市立即启动了事故应急预案,市政府主要领导带领市建设、卫生、公安、安全监管、消防和西安市莲湖、未央区委、区政府、公安未央分局及当地街道办事处等有关部门人员立即赶赴事发现场组织开展事故救援。救援共调集5个消防中队70余名官兵、10部车辆、1部工程车、4只搜救犬,调集卫生部门7部救护车和35名医护人员。当日10时20分,12名工人被相继救出,分别被送往长安医院、中心医院及北环医院。西安市政府于当日10时30分召开现场紧急会议,研究安排事故伤员救治、善后处理、安全大检查事宜。为保障受伤人员及遇难者家属合法权益,确保不发生因事故引发的社会稳定问题,西安市政府成立了事故医疗救治及善后处理组,抽调专人、明确相关区级政府负责事故善后工作;陕西建工集团亦抽调专人成立了12个小组,对口负责接待家属并处理善后事宜。为便于新闻媒体公开真实报道,西安市专门印发了新闻通稿。按照省政府领导批示要求,省安全监管局当日下午17时在事故现场主持召开了专题会议,听取了西安市关于事故救援和善后处理等前期工作情况汇报,传达了省政府领导的重要指示和批示,进一步明确了下一步工作要求。

二、项目工程概况及事故现场情况

(一)项目工程概况

凯玄大厦项目所在的莲湖区北关村属于《西安市城中村改造工作领导小组办公室关于2003年第一批城中村改造村的批复》中确定的西安市第一批25个城中村改造范围。凯玄大厦项目建设单位为莲湖区北关村一组,该组在行政关系上隶属莲湖区;但用于凯玄大厦项目建设的土地位于未央区行政区划内,属于"城市飞地";2007年划归西安市大明宫遗址区保护改造区划内。2008年9月16日西安市地铁公司(甲方)与北关村一组(乙方)、莲湖区北关街道办事处(丙方)签订的《地铁二号线一期大明宫西站1号风亭、4号出入口与北关村凯玄大厦结合建设协议》,约定凯玄大厦与地铁二号线大明宫西站结合建设。莲湖区发改委2009年12月25日向北关村委会下发《关于印发凯玄大厦项目备案确认书的通知》中明确,"同意备案"。西安市规划局派驻到市城改办的城中村(棚户区)规划管理处2009年5月21日书面"同意此工程(凯玄大厦)应纳入北关村城中村改造项目。"同时西安市规划局(大明宫)第17次局务会议对凯玄大厦建设进行了控规审查。

2008年11月16日北关村一组(法定代表人杨长安,委托代理人王顺民)与陕西建工集团第十一建筑工程有限公司(董事长、法人代表徐捷,总经理黄永根,具有国家住建部核发的《房屋建筑工程施工总承包一级资质》和省住建厅核发的《安全生产许可证》,属国有独资公司)签订凯玄大厦建设工程施工合同。2008年11月1日,北关村委会与陕西建设监理有限公司(法人代表、总经理郭成喜,具有国家住建部核发的《房屋建筑工程监理甲级资质》)签订建设工程委托监理合同。2008年12月25日,陕西建工集团第十一建筑工程有限公司与陕西新中建建筑劳务有限责任公司(法人代表任逸卿,无资质证书,属个体公司)签订工程项目承包协议书,约定陕西新中建建筑劳务有限责任公司在本工程中标后作为工程项目施工的承包实体,实行独立经营核算,自负盈亏。陕西建工集团第十一建筑工程有限公司负责项目部的组织管理工作并指定所属第四分公司作为该项目的责任管理单位。

(二)事故现场情况

西安凯玄大厦项目位于西安市未央路与玄武路路口东北角,该工程为框架剪力墙结构,地下2层,地上30层,总高108.5 m,建筑面积56 000 m^2。2009年下半年开始基坑开挖,2010年6月开始桩基施工,2011年5月主体封顶,事故发生时室内已完工,正在进行20~23层外墙面砖擦缝工作。外墙附着式升降脚手架周边总长182 m,架体分为三个升降单元,架体高度4层约14 m。2011年8月20日整体提升脚手架自30层下降到20层,事发时正在进行20~23层外墙面砖铺贴施工。

事故发生后的现场勘查情况是:凯玄大厦工程20层位置(高度61.3 m)附着式升降脚手架东面南侧及南面共13个机位为一个升降单元,其中东面南侧5个机位中有4个机位(长度22 m)的架体全部坠落至室外地面损毁;在该单元其余9个未坠落机位的架体中,与降架坠落架体紧邻的东面南侧1个机位上的定位承力构件已全部拆除,其余8个机位的定位承力构件有少部分被拆除;坠落4个机位的架体与南侧紧邻架体竖向断开,结构上没有形成整体,南侧紧邻架体上端有局部撕拉变形;剩余9个机位中多数防坠装置被人为填塞牛皮纸、木楔、苯板等物,致使防坠装置失效;坠落架体部位的建筑物上仅残留附墙支座、电葫芦、倒链及挂钩,均未发现明显变形和撕拉痕迹;坠落至地面的架体残骸由于抢险救人工作的移动,已无法看到原状。从架体残骸中找到的坠落机位的4个吊点挂板中,有2个完好,另外2个断裂成为4块,只找到其中的3块,断裂面有部分陈旧性裂痕;由于该升降单元南面大部分承力构件尚未拆除,该单元架体处于下降工况前的准备阶段;架体坠落时气象情况为中到大雨。

三、事故原因

(一)事故直接原因

经调查分析认定,此次事故发生的直接原因是,脚手架升降操作人员在未悬挂好电动葫芦吊钩和撤出架体上施工人员的情况下违规拆除定位承力构件,违规进行脚手架降架作业。

(二)事故间接原因

(1)陕西新中建建筑劳务有限责任公司,无资质违规承揽承包凯玄大厦建设工程并组织施工,对施工现场缺乏严密组织和有效管理,是事故发生的主要原因。

(2)陕西建设监理有限公司,对凯玄大厦外墙装饰和脚手架升降作业等危险性较大工程和工艺,未按规定进行旁站等强制性监理,是事故发生的主要原因。

(3)陕西建工集团第十一建筑工程有限公司,未依法履行施工总承包单位安全职责,将工程分包给无专业资质的陕西新中建建筑劳务有限责任公司,对施工现场统一监督、检查、验收、协调不到位,是事故发生的重要原因。

(4)西安凯玄实业有限公司(西安市莲湖区北关村一组)在凯玄大厦项目建设过程中,未完全取得建设工程相关手续,违规进行项目建设,是事故发生的次要原因。

(5)西安市城改、规划和城市综合执法等部门,依法履行监管职责不到位,是事故发生的原因之一。

(6)自8月下旬开始,包括西安市在内的陕西关中地区连续10余天降雨,事发当天西安市天气仍然是中到大雨,脚手架因受长时间雨淋而超重超载,也是事故发生的客观原因。

四、事故性质

经调查认定,西安"9·10"重大建筑施工坍塌事故为生产安全责任事故。

五、事故责任认定及处理建议

(一)事故责任人及处理建议

给予项目架子工领班、架子工、外架作业负责人、外墙装饰作业负责人、项目部安全负责人、项目部生产技术负责人、项目部总负责人、项目部总监代表、项目部总监、脚手架实际出租方、建设单位现场负责人、项目部经理、安全管理部副部长、安全生产副总经理等22人相应处分或追究法律责任。

(二)事故责任单位及处理建议

(1)陕西新中建建筑劳务有限责任公司。违规承揽承包凯玄大厦建设工程并组织施工,对施工现场缺乏严密组织和有效管理,是事故直接和主要责任单位。建议由省工商行政管理部门依法吊销其营业执照。

(2)陕西建工集团第十一建筑工程有限公司。作为凯玄大厦施工总承包单位,对现场统一监督、检查、验收、协调不到位,未依法履行施工总承包单位的安全职责,对事故的发生负有一定责任。建议省建设行政主管部门依据《安全生产许可证条例》第十四条的规定,暂扣其安全生产许可证6个月(从暂停该公司建筑施工投标活动时间起算);依据《生产安全事故报告和调查处理条例》第三十七条第三款的规定,由省安全监管部门对其予以80万元的经济处罚。

(3)陕西建设监理有限公司。对施工现场安全监理不严,对凯玄大厦外墙装饰和脚手架升降作业等危险性较大工程和工艺,监理人员未按规定进行旁站,对事故的发生负有监理不到位的责任。建议省建设行政主管部门依据《建设工程安全生产管理条例》第五十七条的规定,将其监理资质由甲级降为乙级;给予其30万元经济处罚。

(4)西安凯玄实业有限公司(西安市莲湖区北关村村民委员会)。在凯玄大厦项目建设过程中,没有严格执行工程建设招标投标等项目管理基本程序,在未完全取得建设工程相关手续情况下,违规进行项目建设,对事故的发生负有一定的责任。建议由省建设行政主管部门参照《中华人民共和国城乡规划法》第六十四条对其予以经济处罚。

(5)深圳市特辰科技有限公司。对派驻西安管理部的工作人员管理不严,使不法人员盗用公司名义制作假公章、伪造假合同、出租假设备(脚手架)的违法行为得以实现,对事故的发生负有一定的关联责任。建议责成其向省建设行政主管部门做出书面检查,由省建设行政主管部门对其法人代表进行约谈。

(6)西安曲江新区管理委员会。受市建委委托对大明宫遗址区保护改造区划内建筑施工安全监督管理不到位,对事故的发生负有监管不到位责任。建议责成其向西安市人民政府做出书面检查。

(7)西安市规划局、西安市城市管理综合行政执法局、西安市城中村改造办公室依法履行监管职责不到位。建议西安市人民政府依法依规对上述单位进行处理。

(8)建议责成陕西建工集团向省国资委做出书面检查。

(9)建议责成西安市人民政府向省人民政府做出书面检查。

六、整改措施及建议

(一)进一步落实企业安全生产主体责任

凯玄大厦项目各参建单位要认真汲取此次事故教训,进一步建立和完善以安全生产责任制为重点的安全管理制度,加强对施工现场和高危险性作业的动态管理,把施工项目部的领导带班制度、监理项目部的旁站监理制度和一线班组长的岗位安全责任落到实处。要强化施工总承包方对工程建设和安全生产的全面、全过程管理,严格程序,严格把关,严防类似事故的再次发生。

(二)强化施工现场安全管理

陕西建工集团要针对发展规模过快所带来的人才队伍建设滞后、管理力量薄弱等问题进行认真反思,指导第十一建筑工程有限公司加强安全管理。第十一建筑工程有限公司要加强建设项目施工现场安全监管,加大安全生产隐患排查力度。在与专业承包、劳务分包队伍签订合同协议时,应细化职责,明确安全生产责任。

(三)加强安全监理

陕西建设监理有限公司应加大对施工组织设计、专项施工方案和施工管理人员、特种作业人员资质审查,切实履行施工监理旁站作用,及时消除安全生产隐患。

(四)改进施工设施租赁管理服务

深圳市特辰科技有限公司应加强队伍建设,规范附着式升降脚手架的租赁管理,加强对所出租附着式升降脚手架施工的技术指导服务工作。

(五)进一步落实建设行政主管部门行业安全监管职责

西安市住房和城乡建设委员会要按照国务院《建设工程安全生产管理条例》的规定和省、市有关建筑施工安全监管职能分工的规定,加强对全市房屋建筑施工安全监管,确保事有人管、责有人负。西安曲江新区管理委员会要按照西安市人民政府的有关规定,督促大明宫遗址区保护改造办公室认真落实房屋建设、市政建设、国土资源管理、房屋管理等责任。督促凯玄大厦建设单位依法完善项目建设相关手续,责令施工单位对该项目施工现场安全隐患实施整改,确保项目施工安全。

(六)切实加强城市安全管理和服务

西安市人民政府要针对近年来城市快速扩张、经济高位运行对安全生产和社会管理带来的压力,特别是此次事故暴露出的安全监管薄弱环节,系统总结经验教训,进一步强化安全生产及其监管监察工作。一是进一步细化落实各行政区、县和开发区、工业园区对"城市飞地"和安全生产工作的属地领导管理责任;二是进一步理顺和落实建设、规划、城改和城管等部门对以建筑施工领域为重点的安全生产监管主体责任;三是统一组织对全市城中村改造工程的项目报建手续和施工现场管理等工作进行一次系统的检查整顿,进一步治理工程建设领域边许可边建设等违规行为;四是进一步加强对政府职能部门的教育,强化政策法规意识,提高依法行政能力。

参考文献

[1] 住房和城乡建设部.2016年建筑业发展统计分析[EB/OL].[2017-05-23].http://www.mohurd.gov.cn/xytj/tjzljsxytjgb/.

[2] 陕西省事故调查组.西安"9·10"重大建筑施工坍塌事故调查报告[EB/OL].[2012-03-07].http://www.snsafety.gov.cn/admin/pub_newsshow.asp?id=1016486&chid=100103.

第7章 烟花爆竹事故特征

7.1 烟花爆竹安全生产形势

烟花爆竹是深受我国人民喜爱的传统产品,是增添节日欢乐气氛的喜庆之物,同时它也是易燃易爆危险品,极易引发爆炸、火灾事故。历年来,第四季度就进入了烟花爆竹的生产经营旺季,烟花爆竹的生产、经营、运输十分活跃。春节期间是燃放烟花爆竹最密集的时段,零售、燃放活动十分频繁,这两个时段都是事故易发、多发期。据统计,10月、11月、12月、1月4个月发生的事故约占全年事故总数的50%。我国历来高度重视烟花爆竹的安全生产工作,于2006年公布施行了《烟花爆竹安全管理条例》(国务院令第455号),明确规定了安全监管、公安、质检等有关部门的监管职责,即安全监管部门负责烟花爆竹的安全生产监督管理,实施烟花爆竹安全生产和经营许可;公安机关负责烟花爆竹的公共安全管理,实施烟花爆竹运输和大型焰火燃放活动许可;质量监督检验部门负责烟花爆竹的质量监督和进出口检验;交通运输部门负责危险货物(包括烟花爆竹)运输监督管理,实施对相关运输单位、车辆、人员、港口、码头的资质(资格)管理;此外,工业和信息化、海关、工商等部门在烟花爆竹安全管理中行使各自的法定职责。根据烟花爆竹旺季特点,自2016年8月以来,国家安监总局开展了一系列加强烟花爆竹旺季安全监管的工作,印发了《做好烟花爆竹旺季安全生产工作的通知》,烟花爆竹安全形势有了很大改善。

烟花爆竹是烟火药制品,具有易燃易爆的危险特性,这是它的本质属性,生产过程中,特别是涉及裸药生产环节,人与药物直接接触摩擦、静电、撞击等极易造成药物的燃烧爆炸。同时,我国烟花爆竹生产企业刚刚从家庭作坊式生产进入工厂化生产的阶段,企业安全生产基础设施薄弱、生产工艺落后、机械化生产水平低、安全生产管理水平低等问题仍然十分突出,导致事故时有发生,特别是进入生产旺季,一些企业面对市场需求,重效益轻安全,甚至不要安全,违法违规组织生产、分包转包、"三超一改"(超范围、超定员、超药量,改变厂房用途)超能力突击生产等严重违法违规行为,极易导致较大以上事故的发生。分包转包必然导致安全管理弱化,作业现场混乱,人员密集,一旦发生事故,将造成严重伤亡。工库房超量必然导致爆炸威力增大,甚至超出防护屏障等安全防护设施的承载能力,引发周边工库房爆炸,导致事故升级。2011年以来发生的较大以上事故均不同程度存在"三超一改"的问题。烟花爆炸生产环节是事故率比较高的环节,与经营、运输、燃放环节相比,生产环节由于直接接触烟火药,这个环节的事故率较高。烟花爆竹经营分为批发和零售两个环节,由于批发环节烟花爆竹储存量大,一旦发生爆炸将影响重大;零售环节与人民群众密切联系,若发生意外,会造成人民群众生命财产损失。因此,烟花爆竹批发企业要经营张贴流向登记标签的产品,严禁超许可范围经营,经营超标违禁违法产品,向零售点销售专业燃放类产品,要限量储存,分区码放;严禁超量储存、堆放超高以及通道堵塞,存放不属于烟花爆竹的爆炸物等危险品。零售单位严禁集中连片经营,经营场所超量储存,以及违规在许可经营场所外存放烟花爆竹;严禁经营超标违禁烟花爆竹。

烟花爆竹主要是经道路运输,每年从生产地输送到全国各地的批发企业,再分发给零售商店销售给个人。经由道路运输烟花爆竹的,公安部门要使用烟花爆竹流向管理信息系统开具烟花爆竹道路运输许可证,并将烟花爆竹安全买卖合同作为申请办理道路运输许可的有效材料之一,道路运输许可证上载明托运人、承运人、一次性运输有效期限、起始地点、行驶路线、经停地点、烟花爆竹的种类规格和数量等信息。交通运输部门负责对烟花爆竹运输车辆及驾驶员、押运员的资质等进行管理。运输车辆使用专业的危险货物厢式运输车,车上悬挂或安装易燃易爆危险品警示标志,运输烟花爆竹产品的质量和包装必须合格,符合国家标准要求。烟花爆竹分为A、B、C、D四个等级,A、B和架子烟花等类别属于专业燃放类产品,安全风险大,个人不得燃放,必须经由公安部门批准。

2014年以来,国家安全监管总局在全国大力推进烟花爆竹生产企业整改提升和整顿关闭,截至2015年9月30日,全国合法烟花爆竹生产企业3 153家,分布在15个省(区、市)、86个设区的市、288个县级地区,从业人员约150万人,产值约为600亿元人民币,出口总值约10亿美元,产量约占世界的85%以上。

作为花炮的发源地,湖南长沙的浏阳市、株洲的醴陵市和江西萍乡的上栗县、宜春的万载县四县(市)已有1 400多年的花炮生产史,且作为全世界最大的花炮生产基地,全世界80%的花炮产自上述地方。此外,从地图上看,以上四县(市)因以浏阳为中心,呈三角形分布,故被称为"中国烟花金三角"。而湖南、江西、广西等省(区)是烟花爆竹生产的重点省(区),正是由于这种地域性,这些省(区)生产安全事故多发。

在环保意识觉醒及环保政策趋紧下,各地限放甚至禁放烟花,烟花爆竹的内销也受到影响。公安部治安管理局数据显示,截至2015年初,我国实行烟花爆竹禁放的城市有138个,其中省会城市5个,地级市30个,县级市103个;出台限放政策的城市536个,其中直辖市4个,省会城市19个,地级市111个,县级市402个。这直接导致烟花爆竹内销萎缩,烟花在一二线城市销量大幅下滑。安监总局监管三司提供的数据显示,2016年春节期间,大中城市烟花爆竹市场空间同比下滑29%。2015年全年国内大中城市市场空间同比下降25%,全国范围内销量也是无增长。烟花爆竹市场萎缩,销量下滑,导致烟花爆竹生产企业产能下降,烟花爆竹生产安全事故呈逐年减少趋势。

7.2 烟花爆竹事故特征

基于国家安监总局烟花爆竹事故数据汇总[1],对烟花爆竹事故特征进行了分析。2006~2015年共发生事故836起,死亡1 692人,事故起数和死亡人数呈逐年减少趋势(2010年烟花爆竹事故死亡人数略有上升)。如图7-1、图7-2所示,2006年发生烟花爆竹事故153起,2015年仅为39起,减少74.5%。2006年烟花爆竹事故死亡276人,2015年为79人,减少71.4%。随着安全监管的不断加强、安全意识的增强以及落后烟花爆竹企业的有序退出,未来烟花爆竹事故起数和死亡人数都将继续减少。

2016年,全国烟花爆竹生产总值620余亿元,湖南省烟花爆竹生产总值达345亿元,

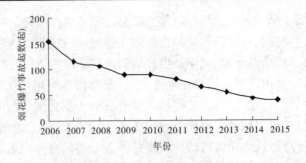

图 7-1 烟花爆竹事故起数（2006~2015 年）

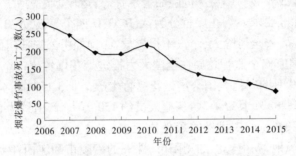

图 7-2 烟花爆竹事故死亡人数（2006~2015 年）

生产总值和出口额在全国占比均超过 50%。正是由于烟花爆竹行业的产业集聚性，烟花爆竹事故也多发生在烟花爆竹产业强省。一直以来，湖南、江西、广西等省（区）都是烟花爆竹产业的重点省（区）。

从烟花爆竹事故地域分布看，如表 7-1 所示，湖南 2006~2015 年发生烟花爆竹事故 276 起，远多于第二名江西的 93 起，安徽、广西、河南、四川等省（区）烟花爆竹事故也相对较多，排在前六名的省事故总数为 639 起，占事故总数的 76.4%。随着环保、安全意识的增强以及产业结构的调整，不少省（区、市）陆续退出烟花爆竹行业，北京、天津、山西、内蒙古、辽宁、吉林、黑龙江、上海、江苏、福建、广东、西藏、青海、宁夏、江苏、安徽、山东等省（区、市）已完全退出烟花爆竹生产，2017 年底河南也将关闭所有烟花爆竹企业，湖南、江西等烟花爆竹强省也将关闭安全条件差的小企业。

表 7-1 烟花爆竹事故地域分布（2006~2015 年） （单位：起）

省（区、市）	湖南	江西	安徽	广西	河南	四川	河北	重庆
事故起数	276	93	90	82	49	49	30	29
省（区、市）	山东	内蒙古	陕西	广东	贵州	云南	湖北	辽宁
事故起数	26	19	16	14	14	14	9	7
省（区、市）	黑龙江	山西	浙江	海南	吉林	江苏	福建	甘肃
事故起数	4	4	3	2	2	2	1	1

在所有烟花爆竹事故当中,违反规程和纪律为烟花爆竹事故发生的主要原因(见图 7-3),占事故总数的 46.5%;规定不健全占事故总数的 8.4%;安全设施问题、防护用品问题、设备设施问题、安全培训问题分别占事故总数的 6.1%、4.9%、3.5%、2.2%;其他事故占总数的 16.7%。

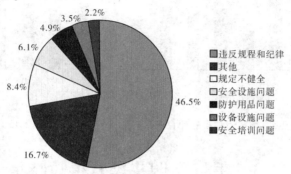

图 7-3　烟花爆竹事故分类[2]（2007～2011 年）

2006～2015 年,共发生烟花爆竹事故 836 起,从发生时间(见图 7-4、图 7-5)看,10 月、11 月、12 月和 1 月分别发生事故 97 起、100 起、103 起、109 起,4 个月共发生事故 409 起,占事故总数的 48.9%。究其原因,这与我国的传统节日春节有关,春节民俗有燃放烟花爆竹的传统,而春节前是烟花爆竹的生产销售旺季。夏季是烟花爆竹生产销售的淡季,7 月发生事故 37 起,为全年最少;而 2 月往往是春节假日前后,烟花爆竹的生产和销售提前展开,因此 2 月烟花爆竹事故并不多。从死亡人数上看,2006～2015 年,烟花爆竹事故死亡 1 692 人,而 10 月、11 月、12 月和 1 月共导致 838 人死亡,占烟花爆竹事故死亡总数的 49.5%,2 月和 7 月死亡人数相对较少,分别为 76 人和 80 人。

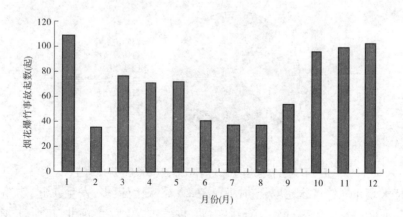

图 7-4　烟花爆竹事故起数与时间的关系（2006～2015 年）

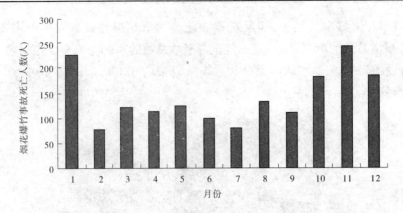

图 7-5　烟花爆竹事故死亡人数与时间的关系(2006~2015 年)

7.3　重特大烟花爆竹事故特征

2005~2015 年共发生重特大烟花爆竹事故 16 起,特大事故 1 起,共造成 275 人死亡。其中,黑龙江省伊春市华利实业有限公司发生特别重大烟花爆竹爆炸事故,共造成 34 人死亡、3 人失踪,根据相关规定,因事故造成的失踪人员,自事故发生之日起 30 日后(交通事故、火灾事故自事故发生之日起 7 日后),按照死亡人员进行统计,并重新确定事故等级,因而事故最终死亡人数为 37 人。从事故原因看,非法生产事故和违规操作事故各发生 5 起,各占重特大事故总数的 31.25%,是重特大烟花爆竹事故发生的主要类型,如图 7-6 所示;违规生产事故发生 3 起,占重特大事故总数的 18.75%;违反管理规定、燃放烟花和卸载撞击事故各发生 1 起。从事故发生的直接原因看,烟花爆竹事故以摩擦、撞击、静电、引燃为主。

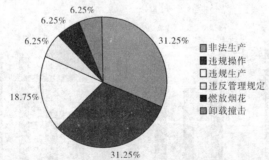

图 7-6　重特大烟花爆竹事故原因(2005~2015 年)

从重特大烟花爆竹事故地域分布(见表 7-2)看,湖南最多,发生 4 起,占事故总数的 25%;山东、河南各发生 2 起;重庆、新疆、山西、内蒙古、黑龙江、河北、广西、广东各发生 1 起,其中新疆发生的烟花爆竹事故为销毁作业时卸载撞击所致。

从重特大烟花爆竹事故发生时间(见图 7-7)看,11 月事故最多,为 4 起,1 月、8 月和 9 月各发生 2 起,总体来说,受烟花爆竹淡旺季影响,春节前几个月发生重特大事故的概率较高,这与一般烟花爆竹事故有同样的规律。

表 7-2 重特大烟花爆竹事故地域分布(2005～2015 年)　　　(单位:起)

省(区、市)	湖南	山东	河南	重庆	新疆	山西
事故起数	4	2	2	1	1	1
省(区、市)	内蒙古	黑龙江	河北	广西	广东	
事故起数	1	1	1	1	1	

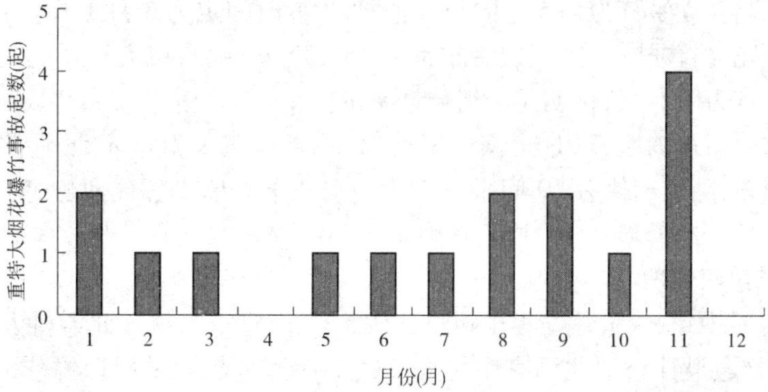

图 7-7　重特大烟花爆竹事故发生月份(2005～2015 年)

7.4　案例分析

河北宁晋"7·12"烟花爆竹重大爆炸事故调查报告[3]

2015 年 7 月 12 日 9 时 7 分,位于河北省宁晋县东汪镇东汪一村的原河北沙龙制衣有限公司(简称沙龙制衣公司)水洗车间内因非法生产烟花爆竹发生重大爆炸事故,造成 22 人死亡、23 人受伤(其中重伤 2 人,轻伤 21 人),直接经济损失 885 万元。

依照《安全生产法》和《生产安全事故报告和调查处理条例》等有关法律法规,7 月 16 日,省政府成立了由省安全监管局、省监察厅、省公安厅、省总工会和邢台市政府等有关单位人员组成的河北省政府宁晋县"7·12"非法生产烟花爆竹重大爆炸事故调查组(简称事故调查组),邀请省检察院派员参加,对事故展开全面调查。同时,聘请中国工程爆破协会理事长、中国工程院院士汪旭光,中国烟花爆竹协会副会长钱志强等 11 名国内民爆和烟花爆竹行业的专家组成专家组,参与事故调查工作。

事故调查组按照"四不放过"和"科学严谨、依法依规、实事求是、注重实效"的原则,通过现场勘验、查阅资料、调查取证、技术鉴定、化验分析、检测鉴定和专家论证,查明了参与爆炸药物的组分、事故发生原因、人员伤亡和直接经济损失等情况,查清了原料来源、产品流向和运输方式,认定了事故性质和责任,提出了对有关责任人员和责任单位的处理建议,并针对事故暴露的问题提出了防范措施。现将有关情况报告如下。

一、基本情况

(一)生产场所情况

河北沙龙制衣公司,位于宁晋县东汪镇东汪一村,308 国道 584 km 处北侧 200 m,2003 年 8 月 1 日成立,营业执照注册号130528000002686,营业期限至 2033 年 7 月 30 日,经营范围为牛仔服装的生产和销售,法定代表人姜现红。2013 年 2 月 26 日,因该公司逾期未接受年度检验,宁晋县工商局依法吊销其企业法人营业执照。2015 年 1 月底,姜现红与本村村民赵存立签订为期 5 年的租赁合同,生效时间定为 3 月 1 日。3 月 8 日,赵存立又转租给烟花爆竹非法生产组织者宋世才(男,37 岁,南宫市大村乡北孟村人,事故中死亡),年租金 5 万元,协议标明用于组装精密机件。

沙龙制衣公司东围墙长 91 m,南围墙长 91 m,西围墙长 106 m,北围墙长 97 m,大门位于厂区东南角,厂区南侧有 19 间平房宿舍。水洗车间位于厂区西侧,南北长 65 m,东西宽 12 m,高度 4 m,砖墙瓦顶,中间无隔断。

(二)生产组织情况

2015 年 4 月中旬,宋世才与妻子司仁红(33 岁,南宫市大村乡北孟村人)伙同孙乡保(男,37 岁,宁晋县耿庄桥镇北周家庄村人,事故中死亡)与妻子周运峰(36 岁,宁晋县耿庄桥镇北周家庄村人,事故中死亡),组织南宫市大村乡北孟村有烟花爆竹制作手艺的部分村民,在沙龙制衣公司内间断性、多次非法生产烟花爆竹。参与非法生产者日工资 300 元左右,有活则来,无活则走。每次参与的人员不同、人数不等,最后一次参与非法生产的 15 人分别由宋世才、孙乡保组织,分别于 2015 年 7 月 8 日和 7 月 11 日分三批次运到沙龙制衣公司,从事非法生产烟花爆竹活动。产品为筒体外径 45 mm、内径 40 mm、长度 200 mm 的高空礼炮,筒体外径 30 mm、内径 25 mm、长度 160 mm 的闪光大双向。

(三)生产原材料来源情况

2015 年 3 月中旬,孙乡保与妻子周运峰雇佣本村 3 名村民,租赁本村闲置房屋,炮筒压土节并安装引火线制成双响半成品。4 月中旬开始,由孙乡保本人或其雇佣的本村司机李国瑞用跃进牌厢式货车(车牌号冀 EYS836)将双响半成品运至沙龙制衣公司。孙乡保所用炮筒由石家庄晋州市东里庄乡北寺村孟彦崇、刘喜奎提供。引火线由石家庄市赵县沙河店村张军欠供货,张军欠从湖南浏阳市大瑶镇上升村李昌荣处非法购入(李昌荣在浏阳市大瑶镇上升村与他人合伙开办浏阳市大瑶镇藕塘引线厂,该厂安全生产许可证编号为(湘)YH 安许证字〔2012〕000225,有效期 2012 年 8 月 3 日至 2015 年 8 月 2 日)。2015 年以来,张军欠共 3 次向孙乡保销售单位长度 1 m 的引火线 288 400 根,均由张军欠本人驾驶白色金杯牌面包车(车牌号冀 AKV179)送至孙乡保家中。

宋世才、孙乡保等人制造烟火药使用的高氯酸钾、硝酸钡、硫黄和铝粉等原材料,由王文虎(男,44 岁,宁晋县苏家庄镇浩固村人,非法经营者)、吴建永(男,38 岁,宁晋县苏家庄镇浩固村人,非法经营者)提供。王文虎销售的硝酸钡从河南省洛阳市伊川县兴华化工厂(法定代表人韩五章,生产许可证编号(豫)XK13-006-00024,有效期 2013 年 7 月 17 日至 2018 年 7 月 16 日)非法购入;高氯酸钾从山东省德州市庆云县东辛店乡化工材料门市部(单位负责人刘文忠,危险化学品经营许可证编号鲁德安经(乙)字〔2012〕

000172号,有效期2012年7月10日至2015年6月18日))非法购入;硫黄从辛集市信天硫黄经销处(单位负责人韩耀星,危险化学品经营许可证编号冀石安经(乙)字〔2012〕000965号,有效期2012年8月3日至2015年8月2日)非法购入,经手人为韩耀星父亲韩效国;铝粉从王更跃(男,59岁,宁晋县苏家庄镇浩固村人,非法经营者)处非法购入。

(四)产品流向

烟花爆竹产品销往3省5县,具体为:

(1)内蒙古赤峰市敖汉旗赵新处。其非法购买、销售双响情况公安部门正在进一步侦查中。

(2)山东省济宁市嘉祥县张允宾处。张允宾与本村张忠峰合伙开办了"嘉祥县进士张鞭炮厂"(安全生产许可证编号(鲁)YH安许证字〔2012〕YY0026号;有效期2012年7月3日至2015年7月2日)。张允宾从孙庆山(南宫市大村乡北孟村人)处购买,孙庆山从孙乡保处购买,约6 900件69万个烟花爆竹,自雇配货车运走后销往嘉祥县城附近的农村。

(3)邢台市威县申珂栋处。2015年5~6月,申珂栋共5次从宋世才处购买双响爆竹约120 000个,均由宋世才驾驶银灰色面包车送货上门,所购双响爆竹已在其父亲申秀春开办的邢台市威县章台镇烟花爆竹销售门市(烟花爆竹零售许可证编号2014023,有效期2014年1月23日至2014年12月31日)出售。

(4)邢台市广宗县王方恩处。2015年5月,王方恩共2次从孙乡保处购入双响爆竹14 700个,均由李国瑞驾驶五菱牌银色面包车送货上门,且大部分已在其位于广宗县兴广路的烟花爆竹门市(烟花爆竹零售许可证编号(冀)YHLS〔2015〕531000102,有效期2015年1月15日至2016年1月14日)销售,尚未售出的523个双响爆竹2015年8月8日被宁晋县公安局收缴。

(5)邢台市广宗县赵振忠处。2015年5月,赵振忠共2次从孙乡保处购入双响爆竹42 200个,均由李国瑞驾驶银色面包车送货上门,且大部分已在其父亲赵香河在广宗县城兴广路与礼貌街交叉口西南角经营的日杂土产门市(烟花爆竹零售许可证编号(冀)YHLS〔2014〕53100098,有效期2014年1月21日至2014年3月11日)销售。事故发生后,赵振忠因害怕将剩余部分丢弃至漳河水中。

(6)宁晋县北河庄镇柏房村胡彦明处。2015年6月9日,为给父亲办丧事,胡彦明从孙乡保处购买双响爆竹5 000个,由孙乡保驾驶面包车送货上门,均已燃放。

二、事故发生经过和应急处置情况

(一)事故发生经过

7月12日,宋世才、孙乡保、周运峰3人,组织15名南宫市大村乡北孟村有烟花爆竹制作手艺的人员在沙龙制衣公司内生产烟花爆竹。生产过程包括混药、装上响烟火药、装下响烟火药等工序。9时7分,在生产作业过程中,因摩擦、撞击导致发生爆炸。

爆炸造成中心现场厂房完全坍塌,现场3辆用于非法生产的车辆被烧(炸)毁,周边25家企业、25户门店、59家住户不同程度受损。

(二)应急处置和善后情况

事故发生后,宁晋县委、县政府和有关部门主要领导迅速赶赴现场,立即启动应急预案,组织公安、安全监管、卫生、新闻等部门成立现场指挥部,下设现场处置、医疗救治、后勤保障、事故调查、善后处置、新闻媒体、社会稳定等7个工作组,先后调集600余名公安干警和武警、消防官兵,出动各类车辆280余辆,全力开展人员救助、余火扑救、现场清理等工作。卫生部门抽调6辆救护车和17名骨干医护人员,开通"绿色通道",由医院先行垫付医疗费用,确保伤员第一时间得到救治,卫生防疫人员及时对现场进行消毒防疫。公安部、国家安全监管总局及省市公安、安全监管部门接到事故报告后,有关领导迅速赶赴现场指导处置工作,及时调集搜索侦检、抢险救援车辆和搜救犬等专业设备投入救援。截至7月15日10时45分,现场搜救清理完毕,证据提取固定,现场勘查结束。

当地党委、政府按照分类施策要求,对参与非法生产的死亡人员家属实行安抚,对无辜遇难人员家属给予赔偿,对受损企业、门店、住户损失情况进行评估后给予补偿,并积极做好伤员治疗、伤亡人员家属的安抚工作,保持了社会稳定。

(三)爆炸药物成分分析

根据理化检验结果和提取的现场残留原材料包装袋分析,事故中参与爆炸的有烟火药、已装药的双响成品和半成品。烟火药的主要成分为高氯酸钾、硝酸钡、硫黄和铝粉,爆炸威力较大。

(四)药物药量分析

爆炸发生后,现场形成5个炸坑,直径$3 \sim 5$ m,深$0.4 \sim 1.15$ m,大致呈南北走向,相距$1.5 \sim 6$ m不等,体积总和37 m^3,计算TNT当量约570 kg,事故现场参与爆炸的烟火药(含成品和半成品中的烟火药)总量约810 kg。

(五)起爆点分析

现场相邻炸坑间最小距离1.5 m,最大距离6 m,5个炸坑位置处的任何一处烟火药爆炸,都会瞬间引爆相邻烟火药、已装药成品和半成品,故起爆点无法判断。

三、事故原因和性质

(一)直接原因

非法生产作业过程中因摩擦、撞击导致爆炸。

(二)间接原因

(1)犯罪嫌疑人宋世才、司仁红伙同孙乡保、周运峰,租用沙龙制衣公司,违反国家有关规定,非法组织生产烟花爆竹。

(2)宁晋县东汪镇东汪一村、耿庄桥镇北周家庄村和苏家庄镇浩固村党支部、村委会打击非法生产经营烟花爆竹和非法经营易爆危险化学品不到位,监督检查流于形式,社会治安综合治理不力,未发现本村存在的非法生产经营烟花爆竹、非法经营易爆危险化学品问题,存在失职行为,致使非法行为未得到及时处理。

(3)宁晋县东汪镇、苏家庄镇和耿庄桥镇党委、政府落实"党政同责、一岗双责"不到位,属地打非责任落实不到位,打击非法生产经营烟花爆竹、打击非法经营易制爆危险化学品不力,监督检查不到位;个别干部和工作人员玩忽职守,存在失职行为,致使非法行为未得到及时处理。

（4）宁晋县公安局未能认真履行《烟花爆竹安全管理条例》《危险化学品安全管理条例》、部门三定方案赋予的职责及"打非治违"部署要求，工作安排部署不力，督导检查不到位，存在失职行为，致使非法行为未得到及时处理。

（5）宁晋县安全监管局未能认真履行《烟花爆竹安全管理条例》《危险化学品安全管理条例》、部门三定方案赋予的职责及"打非治违"部署要求，综合协调不到位，督导检查不到位，存在失职行为，致使非法行为未得到及时处理。

（6）宁晋县工商局在打击非法生产、经营烟花爆竹和打击非法经营易制爆危险化学品工作中主动性较差，监督检查不到位，执法力度不够，存在失职行为，致使非法行为未得到及时处理。

（7）宁晋县交通运输局在打击非法运输烟花爆竹、易制爆危险化学品工作中主动性较差，监督检查不到位，执法力度不够，存在失职行为，致使非法行为未得到及时处理。

（8）宁晋县质量技术监督局在打击非法生产经营烟花爆竹工作中主动性较差，监督检查不到位，存在失职行为，致使非法行为未得到及时处理。

（9）宁晋县委、县政府落实"党政同责、一岗双责"不到位，对"打非"工作组织领导不力，工作督导不到位，存在失职行为，致使非法行为未得到及时处理。

（三）事故性质

这是一起因非法生产烟花爆竹引发的重大爆炸责任事故。

四、对事故有关责任人员及责任单位的处理建议

（1）非法组织烟花爆竹生产，事故中已死亡，不予追究责任的主要犯罪嫌疑人3人。

（2）非法参与烟花爆竹生产，事故中已死亡，不予追究责任的犯罪嫌疑人15人，均为南宫市大村乡北孟村人。

（3）公安机关采取司法措施人员10人。

（4）检察机关立案侦查人员5人。

（5）建议给予党政纪处分和组织处理的人员48人。

（6）建议给予行政处罚的人员8人。

（7）对有关责任单位的行政处罚建议：

①辛集市信天硫磺经销处。违规向个人销售易制爆危险化学品，依据《危险化学品安全管理条例》第八十四条第三项的规定，责成辛集市安全监管部门依法吊销其危险化学品经营许可证。

②邢台市威县章台镇烟花爆竹销售门市部。采购和销售非法生产、经营的烟花爆竹，依据《烟花爆竹安全管理条例》第三十八条的规定，责成邢台市威县安全监管部门依法吊销其烟花爆竹经营许可证。

③邢台市广宗县兴广路烟花爆竹销售门市部。采购和销售非法生产、经营的烟花爆竹，依据《烟花爆竹安全管理条例》第三十八条的规定，责成邢台市广宗县安全监管部门依法吊销其烟花爆竹经营许可证。

④邢台市广宗县兴广路日杂土产门市部。采购和销售非法生产、经营的烟花爆竹，依

据《烟花爆竹安全管理条例》第三十八条的规定,责成邢台市广宗县安全监管部门依法吊销其烟花爆竹经营许可证。

(8)建议责成省安委办分别将湖南省浏阳市大瑶镇藕塘引线厂、河南省洛阳市伊川县兴华化工厂、山东省德州市庆云县东辛店乡化工材料门市部、山东省济宁市嘉祥县进士张鞭炮厂的违法问题函告湖南省、河南省、山东省安委办调查处理。

(9)建议责成宁晋县委、县政府向省政府做出深刻书面检查。

五、防范措施建议

(一)加强领导,落实责任

各级各部门要深刻汲取宁晋县"7·12"事故教训,举一反三,警钟长鸣,进一步加强打击非法制售烟花爆竹的组织领导,加大执法检查装备的投入力度,提升"打非"的技术保障能力。要进一步明确各级各部门"打非"工作职责,并结合本地实际,制定切实可行的"打非"工作目标,层层签订"打非"工作目标责任书,形成一级抓一级、一级对一级负责的"打非"责任体系。

(二)加大宣传,发动群众

要充分利用电视、网络、报刊等媒体,采用宣传车、张贴标语、悬挂横幅等方式,广泛宣传非法制售烟花爆竹的重大危害、有关法律法规及相关事故案例,用惨痛的事故案例警示群众。加大有奖举报的力度,广泛发动群众,积极举报藏匿于村落、居民住宅区内的非法生产和储存窝点,及时排除隐患和打击非法违法人员,确保人民群众生命和财产安全。

(三)各司其职,密切配合

各级公安、安监、质检、工商、交通等部门要各司其职,主动作为,强化执行力,认真履行"打非"工作责任。在工作中,要密切配合,联合执法,强化信息共享,形成强大的工作合力,确保"打非"工作长效机制的建立和实施,进一步规范烟花爆竹生产经营秩序。

(四)加强督查,确保成效

各级党委、政府要进一步加强对职能部门的督查力度,督促各职能部门认真履行职责,严格落实安全生产"党政同责、一岗双责"规定,加大排查整治事故隐患的力度。强力推行网格化管理,把烟花爆竹"打非"工作责任落到实处,严厉打击非法违法生产经营烟花爆竹的行为。

(五)强化基层基础,排查消除隐患

要针对烟花爆竹非法生产经营主要集中在农村,具有分散性、隐蔽性、伪装性、流动性等特点,坚持关口前移,重心下移,重点落实乡村两级的"打非"责任。要进一步提高乡村基层组织的凝聚力和战斗力,强化"守土有责、守土有效"意识,加强安全隐患排查力度,做到横向到边、纵向到底,不留死角、不留盲点,把一切不安全隐患消除在萌芽状态,确保人民群众生命财产安全,确保经济社会健康发展。

参考文献

[1] 国家安全生产监督管理总局.烟花爆竹事故统计[EB/OL].[2016-10-24]. http://www.chinasafety.